四季有味

曾黎的私房食单

曾黎 编著

中国轻工业出版社

SEASONS

四季流转，宛知人生

品尝过酸甜苦辣，方知人生如同四季，走过之后才能有所体会。读懂了四季，也就读懂了人生。

四季里面，我最喜欢春天和秋天。

我喜欢春天万物复苏的感觉，那种树叶冒出绿芽的生命力。我总会被这种旺盛、蓬勃、破土而出的力量震惊、感动。

有一年春天，拍戏收工回到北京，一时闲暇下来，我在北京周边找了块草地，叫上三五朋友，大家摆几个凳子在那喝茶、踏青。光着脚踩在土地上，近距离感受大自然的气息，感觉很惬意。我们平时大多住在高楼，很少与土地接触，身边的电子产品又很多，手机、电脑，还有无处不在的Wi-Fi，都有一定的辐射，我们身上不知不觉吸收到的电离子，这个时候就需要通过大地来帮忙释放掉。如果有机会光着脚去大地上踩一踩，让这些电离子释放一下，就会觉得浑身轻松，舒服很多。

土地本来就很干净，它孕育了我们，孕育了生命。如果没有土地，哪有粮食，哪有蔬果，哪有所有的一切呢？

还有一次我收工回家，因为工作穿了一天的高跟鞋，实在是有点累，脚也很疼。回家的时候就有点走不动了，我索性把鞋子脱了，光着脚走回去。我是不会被这些外在的东西束缚住的，不会因为一些顾忌，就让这双鞋把脚磨破，我会选择把鞋脱下，不让它成为我的负担，我要让我做回舒服的自己。

我也喜欢夏天，可能很多人会觉得夏天热，但我属于偏寒凉的体质，没有那么怕热。我觉得人要根据自己身体的状况和需求去挑选食物，我知道自己体质寒凉，就很少吃冰的、冷的东西。但我也没有太细致的讲究，因为工作关系，长期都是在外地、在剧组，如果出门总跟工作人员或者助理说，这个不能吃，那个也不能吃，岂不是给别人添麻烦？我们的工作节奏很快，我不想给别人增加额外的负担。除非我在家，那就有更多的选择空间，也有更多的时间去搭配食物。

因为我是秋天出生的，所以秋天对我来说有特别的意义。

到了这个季节，我很喜欢出门去亲近大自然，喜欢骑行和旅游。北京的秋天特别美，我家附近就有成片的银杏树。每当开始落叶时，树上挂满金黄的银杏叶，地上也铺满了金黄的落叶，踩上去咯吱作响，抬眼望去，满目都是金灿灿的，那种感觉其实挺梦幻，也很治愈。我总认为，大自然能够给予人类一种无限的能量，有形有相的物质总会随时间而消散，但大自然给予心灵的慰藉却是无穷无尽的。当人置身在自然中，真的就能忘记很多琐事，会莫名地很放松，大自然会免费、无条件地疗愈我们，我们也会不由自主地被治愈，变得平静，去享受自然的馈赠。有时候出门旅游，看到很多人会去环抱古树，其实也是想沾一沾古树的灵气，这些古树能够在地球扎根这么多年，一定吸收了很多日月精华。

我是9月出生的。但我不是一个很有仪式感的人，没有特别说到了生日就一定要怎么过，我不喜欢考虑很烦琐的事情，像生日、纪念日、节日都不爱过，觉得好累。但也有一些人仪式感比较强，这个没有好与不好，都是个人的生活习惯。我这个人就是比较随性，不会刻意地去做某些事情。如果过生日刚好赶上我在拍戏，那就跟着剧组，有什么吃什么。如果当天正好没有工作，我可能会请大家喝壶好茶。印象比较深刻的一次生日，是在济南工作时，工作人员亲自给我做了个蛋糕，他们花了很多心思去给我做这个蛋糕，这是一份非常惊喜的礼物，我收到后开心了很久。

我有点怕冷，所以相对而言没有那么喜欢冬天。我觉得在冬天，当大风刮到脸上，对于我这种干皮是很不友好的，尤其是北方的风，像刀一样犀利。冬天还有一个麻烦就是静电，穿衣服、脱衣服时，就能感觉静电噼啪作响。手也很容易干裂。嗓子也容易干痒，当我感到嗓子有一点不舒服的时候会拿一些陈皮泡水喝。如果咳嗽的话，就用化橘红加上陈皮和普洱一起泡着喝。平时我倒不会特意去泡这些，还是泡茶多一些。我现在出门在外，都会随身带一个小壶，跟保温杯有点类似，把茶叶往里面一放，加上水泡一会儿，倒出来就是茶了，这样就可以走哪儿喝哪儿，很方便。

无论是春天的生机勃勃，夏天的热情奔放，还是秋天的丰收满足，冬天的沉静安宁，每个季节都有着不同的韵味，就像人生，每个阶段都有自己的美好和闪光点，20岁时我们热情懵懂，30岁时我们拼搏奋斗，40岁时我们沉稳担当，50岁时我们睿智从容……细细品尝着四季的味道，仿佛也在品尝着人生的滋味。而正是通过“知味”，我们才能在日常的琐碎中发现生活的美好，从而更好地品味人生的真谛。

目录

第一章　知味人生

10/ 误打误撞找到真味
12/ 与茶结缘，一种生活方式的开始
16/ 人生也许自有枯荣
22/ 舌尖上的荆州
25/ 在锅碗瓢盆中寻觅乐趣
27/ 食物是承载感情的器皿
29/ 蔬食也可以有滋有味
33/ 忙里偷闲，在剧组做饭
36/ 食物的魔力来自大自然的滋养
39/ 豆类的打开方式
43/ 人生如茶，沉淀孕育转变
46/ 世上没有完美
49/ 人生就像一场游戏，有输有赢不必生气
52/ 为工作和生活寻找平衡
55/ 上市场买更有“本味”的菜
59/ 探索世界的味道，就爱奇奇怪怪的口味
63/ 你的生活方式代表了你的生活态度

第二章 春吃芽

70/ 暖胃关东煮
72/ 湖北春卷
76/ 健脾开胃蔬菜馄饨
78/ 鸡毛菜白菇煮米粉
80/ 懒人快手仙豆糕
82/ 炝炒开胃小藜蒿
84/ 减脂莴笋汤
86/ 清火莲子炒芦笋
88/ 春笋酸菜炒蚕豆
90/ 清火春笋面
92/ 养颜牛油果豆腐
94/ 减脂小豆芽
96/ 牛油果酱
97/ 草莓酱
99/ 樱花养颜气泡水
100/ 樱花养颜啵啵茶冻
103/ 补身养气豆浆

第三章 夏吃瓜

108/ 低脂酸辣粉
110/ 曾氏沙拉
111/ 减脂黄瓜沙拉
112/ 鹰嘴豆泥茄子三明治
115/ 养颜双茄烩饭
116/ 快手西红柿疙瘩汤
120/ 西红柿土豆味噌汤
122/ 冬瓜薏米排毒汤
125/ 清凉八宝饭
126/ 水晶小粽子
128/ 绿豆糕
129/ 小米山药栗子红枣粥
130/ 椰汁芋圆清补凉
132/ 轻体水果茶

秋

第四章 秋吃果

136/ 低卡花生酱
138/ 开胃酸甜藕碎
140/ 莲藕花生补血汤
142/ 开胃藕夹
144/ 减脂芦笋炒山药
146/ 补充能量豆腐排
148/ 低脂美颜豆腐饭
150/ 五色藜麦减脂饭菜包
152/ 抗氧化菌菇鲜汤
154/ 减脂南瓜蒸千张
157/ 南瓜板栗消肿豆浆
158/ 美白山药南瓜丸子
162/ 玉米马蹄甘蔗润肺水
164/ 金橘雪梨润肺汤

第五章 冬吃根

170/ 面窝
172/ 减脂白菜炖粉条
174/ 胡萝卜炖土豆
176/ 清炒胡萝卜丝
178/ 香菇焖萝卜
181/ 酸辣红菜薹
182/ 健脾清蒸杏鲍菇
184/ 粉蒸红薯和红薯叶
187/ 红豆芋头补气血暖汤
188/ 古方红薯姜糖水
189/ 红花板栗养颜汤
190/ 美白杏仁露
191/ 黑芝麻核桃养发豆浆

第一章 知味人生

植物的自然生长蕴藏在斑驳的光影之中，带着我的故事即将出发，让我们共赴这场独特的人生之旅吧。

误打误撞找到真味

蔬食和饮茶对我而言带来了一种奇妙的改变。

在我的生活方式发生彻底的改变后，我生命中某部分不一样的、内在的、沉睡了很多年的另一个自己可能被唤醒了，关于人生的一些感受也发生了变化。人生就像一部戏，我觉得不如真正地做自己。

改变的开始可以追溯到当年拍《理发师》，在进组之前，我见了陈逸飞导演，他问我能再瘦一点吗。

因为我当时还有点婴儿肥，他担心上大银幕不好看。那怎么减肥呢？我感觉好像也没有别的方法，听人说吃蔬菜可以减肥，那我就吃吧。因为我平时太爱吃，又不善于运动，所以需要从嘴巴上控制。为了减肥，我决定三个月的工作期间就只吃蔬菜。在拍这部电影时，合作的演员还有陈坤，我记得他对减肥也蛮有兴趣和想法，我们私底下也交流了一些心得。

以前我可馋了，每到一个剧组就先打听周边哪里有好吃的餐馆，有哪些好吃的特色菜。此外，如果我遇到来自不同地方的合作演员，我肯定会问他们老家有哪些好吃的？在哪里？都问得清清楚楚，以便以后去尝试。就是爱吃到这种程度呢！

当时拍《理发师》期间，我也会畅想着等电影拍完后，就可以重新开启和享受各种美食了。

其实拍完《理发师》，按理说我也可以恢复以前的饮食结构，但谁知道，命运有时候就是如此神奇，在下一个阶段，我刚好遇到了喝茶这件事，茶又为我打开了世界的另外一扇窗，帮助我接收到了一些新的信息，使我对生活又有了新的认知。

与茶结缘，一种生活方式的开始

偶然的一次机会，我与朋友去一家蔬食餐厅用餐，临走时，店里有人提议请大家去喝茶。一般来说人都有警惕性，很难相信一个初次见面的人，当陌生人邀请喝茶，你一般会在心里打个大问号。但那天我和两位朋友经过一番思考，平时并没有喝茶习惯的我，最终还是接受了邀请，喝到了这盏“人生之茶”。

那个餐厅的人给我们泡的茶，是泡过的茶再泡第二次。因为那些年份比较老的茶，都比较珍贵，一般都会多煮几次。而茶再煮的话，其实还能够释放出很多能量，冲淡苦涩味，变得更加香甜，所以才泡给我们客人喝。第一次品茶后，感觉很不错，后面有机会陆续又参加过几次茶会，一来二往大家就比较熟悉了。因缘际会之下，我就这样与茶结下了不解之缘，并因此结识了不少新朋友。

其实那个时候，茶友还是相对较少，一般一次聚会也就三五人吧，很小的规模，当时喝茶还是比较小众的事情。

那会处在一个影视项目结束后休整期的我，常常会去会友喝茶，听大家分享那些与茶有关的经历和趣事，渐渐对茶有了新的理解。

跟茶友一块喝茶的时候，大家也不怎么交流，就是安静地喝茶、品茶，偶尔讲个笑话什么的，是一种比较轻松的氛围，完全没有社交压力。因为大家都是多年的老茶友了，有时候交流泡的什么茶，不会直接说，会一起玩个游戏，让大家猜一下，整体的氛围都是很放松的，就是很纯粹的喝茶、休息。

在跟一些茶友们相处之后，有些跟我成为了很好的朋友，他们会给我推荐各种食物，会彼此分享自己遇到的好东西，大家相处非常融洽，有种“不是家人胜似家人”的感觉。到不同的城市工作时，有机会我也会去茶友家做客，每次他们都会做丰盛可口的饭菜、泡一壶好茶，好吃好喝地招待我。

养成喝茶的习惯之后，茶让我的身体有了更多的感受。通过和茶友之间的相处，我也看到了很多人在喝茶之后，生命状态有了翻天覆地的改变。我发现我周围许多喝茶的人心态都很积极乐观，给人淡定从容的感觉。

受此感染，我也慢慢开始享受喝茶，直至现在成为一种自然的生活状态，不会像曾经那样当成“减肥的作业”，它变成了一种我主动选择的生活方式，而这种生活方式也已经融入我的生命之中，我很享受它，享受这个过程以及它给我带来的改变。

我曾经发布过一首歌《草木之骨》，因为爱茶所以有了这首歌。我希望，我不仅仅是在唱一首歌，而是在分享一种人生，一刻感悟，一杯心中的茶香。

▶ 人生也许自有枯荣

我的生活比较简单，有工作就工作，没工作就喝喝茶，发发呆。有时我也会跑去全国各地参加一些茶友会，跟大家分享泡茶。“三人行必有我师”，众人相聚品茶，可以让我学到许多书本上学不到的知识，这同样也是一大乐事。

喝茶是一种润物细无声的养生方式，可以修身养性，保持快乐的心情。喝茶也是一种清福，那种淡淡的感觉最是令人回味。

喝茶能品百味人生，喝茶时的心态不同，也会产生不同的人生感悟。品茶，品的也是一种韵味。品一杯茶，享当下清福，观草木荣枯。慢慢地，会让人明白，人生也许自有枯荣，枯也随它，荣也随它。

我觉得茶是一种能量很高的东西。喝茶让我感到整个人的能量都得到了提升。我明白了来到这个世界的目的，面对很多事情的时候，心态也变得更加平和了，少了许多以前的那种执念。

从最初为了减肥而吃蔬菜，到后来变成自己生活的一部分，这个转变也是因为喝茶。

喝茶让我感觉到放松，是我生活方式转变过程中的一个很好的衔接。即使工作再忙碌，回到家后给自己泡一壶茶，让自己安静安静，元气也得以恢复。

人是有自己的“磁场”的，只有内在的东西稳定了、充实了，外在的身体才会好，自然也不会觉得疲劳。而我们吃东西、睡觉都是在为身体补充能量，当能量充沛、心灵充实时，对物质的欲望也会降低一些。我认为人还是应该有精神寄托，有生活的乐趣。要多去体验，任何别人的体验都不如自己亲身经历来得更真实。

经常喝茶的养生功效

六大养生功效

1. **抗氧化。**茶叶中的茶多酚等活性成分具有强大的抗氧化作用，可以帮助抵抗自由基对身体细胞的损害，减缓衰老过程。
2. **保护心血管。**茶叶中的茶多酚和儿茶素等化合物可以降低胆固醇水平、减少血栓形成，有助于保护心血管系统健康，降低心脏病和中风的风险。
3. **改善消化功能。**茶中的一些成分可以促进胃肠道的蠕动，促进消化液分泌，有助于消化和吸收食物。
4. **提神醒脑。**茶叶中的咖啡因和氨基酸等成分可以刺激中枢神经系统，提高警觉性和注意力，有助于提神醒脑。
5. **改善代谢。**一些研究表明，茶叶中的儿茶素和咖啡因等成分可以促进脂肪氧化和代谢，有助于体重管理和脂肪燃烧。
6. **增强免疫力。**茶叶中的茶多酚和其他成分具有抗菌、抗病毒和免疫调节作用，有助于增强免疫系统功能，提高抵抗力。

请注意哦，具体的功效和效果可能会因茶叶种类、饮用方式和个体差异而有所不同。还有要注意结合健康的生活方式和均衡的饮食才能发挥最佳的养生功效哦。

舌尖上的荆州

都说食物最能唤起记忆，它总能让人的回忆再次闪闪发光。记得小时候在家时，爸爸妈妈都会做菜，但喜欢做的菜不一样，于是他俩就分工，各自做自己擅长的。他们一起在家下厨的那种场景，我至今记忆犹新。

记得每年过年，我们家都会腌制腊鱼腊肉、灌香肠、炕饺子、做炸物、做鱼糕。说到鱼糕，在我们那儿有“无糕不成席”的说法。做鱼糕要先将鱼肉剁成泥，再加入蛋清、姜、葱、淀粉等食材进行搅拌，得把它搅得很有弹性，然后再蒸熟，最后冻起来，等过年的时候，我们会把它切成片来涮火锅。还有冬笋，也是冬天经常会吃的蔬菜，我们把冬笋撕成一小条一小条，煮熟后泡起来，等要吃的时候再拿出来用辣椒炒着吃，也可以炖汤或者炖肉，都很好吃。小时候经常看家里人做家宴，看到爸爸妈妈是这样子来照顾我们，后来我喜欢做菜估计也跟那个时候的记忆有关吧。

小时候还常吃苋菜，特别是红苋菜，炒出来

就是红汪汪的一盘，那个颜色很惊艳，我看着心里就在想，哎呀，吃这个菜肯定就补好多血了！可能也是一种自我安慰，但苋菜的含铁量确实比较高，我们最常见的做法是，把它做成上汤苋菜，放一点蘑菇或者口蘑调味，味道非常鲜美。

食物也总能牵动一个人的思乡情结。无论我走到哪儿，也无论我多少岁，永远难以忘怀那“舌尖上的荆州”。即便到了现在，我只要回一趟老家，行李箱都会被好吃的塞到爆！大家可能会好奇这里装的到底是些什么？其实装的都是平时在外地吃不到的家乡美味。

- **炸胡椒。**胡椒和大米制作而成，口感香香辣辣的，能当做烹饪调料，也能当做佐料下饭吃。
- **香干子。**就是豆腐干，高蛋白、低脂肪，营养丰富，随便怎么做都很好吃。
- **糯米粑粑。**喜欢吃糯叽叽口感的一定要试试，蒸着吃、煎着吃，都令人超满足。
- **汽水粑粑。**这是每个荆州人童年都必不可少的美食，外焦里嫩，吃起来糯糯甜甜，十分可口。
- **米豆腐。**大米磨成米浆，加食用碱熬制而成。是四川、湖南、湖北等地的特色小吃，形状和豆腐类似，但却是用米做成的。可以做凉菜，也可以红烧，味道很独特，在北方地区很少见，所以每次回湖北我都会带一点来北京。
- **米子糖。**姜和大米做的米糖，口感脆脆的，很清甜，回味有一点淡淡的姜味，我喜欢在追剧的时候吃。

家乡的美食中，我还很爱吃莲藕，湖北的莲藕也是很有名气的。现在我依然喜欢用莲藕来炖汤，把它跟菌菇一块炖，炖成一道美味又营养的莲藕菌菇汤。我还喜欢吃家乡的醪糟汤圆、酸辣菜薹等。期待朋友们来荆州做客，尝尝地道的荆州味道。

看到一种食物，想起一座城市，而想起一座城市，想念的不仅仅是这城里的人、城里的事，还有那让人魂牵梦绕的味道。这味道和这城市早已浑然一体。

在锅碗瓢盆中寻觅乐趣

我喜欢下厨，热爱自己动手做菜。常听有人说“自己不会做菜”“做菜太难了”，对此我会觉得有些困惑，因为在我看来，做菜并不是什么太难的事，关键在于愿不愿意、喜不喜欢去做。如果觉得“做菜好难啊”，可能是因为对这件事并没有那么热爱，也没有投入那么多的精力和时间吧。

兴趣是最好的老师，做菜这种充满“人间烟火”的事，能够给人心灵的抚慰。尤其是对于我这种工作特别繁忙的人而言，做饭也是一种放空自我的休息方式。

我很喜欢厨房里的那些锅碗瓢盆，觉得那也是一种人间乐趣。

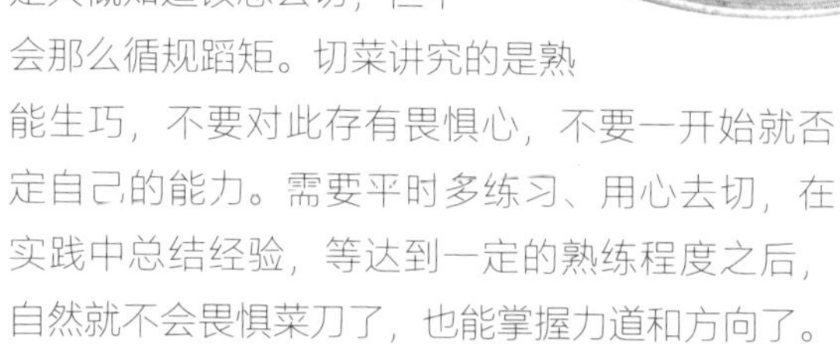

当然这门乐趣也需要技巧的支撑。说到做菜的技巧，其实有时候我切菜也不是特别规整，就是大概知道该怎么切，但不会那么循规蹈矩。切菜讲究的是熟能生巧，不要对此存有畏惧心，不要一开始就否定自己的能力。需要平时多练习、用心去切，在实践中总结经验，等达到一定的熟练程度之后，自然就不会畏惧菜刀了，也能掌握力道和方向了。

做菜需要投入时间，而现在有些人工作太忙，会觉得做菜浪费时间和精力，甚至认为点个外卖不就好了嘛。然而，正是因为这种心理，影响了厨艺的提高。世上无难事，只要对某件事情感兴趣并且愿意为其付出，那么自然就会有收获和进步，也不会觉得这是一种负担。

即便是负担，那也是甜蜜的。

平时只要有时间，我更喜欢自己动手做菜。我爱炖汤，还总结出了如何把汤炖好的经验，个人感觉在储藏温度合适的条件下，头天炖的汤，第二天喝，味道更浓郁，似乎它内在的味道都一股脑儿地给闷出来了。在喝着亲手煲的汤的时候，那一瞬间幸福感油然而生，让我非但不会觉得做菜是浪费时间，反而觉得还挺享受。

现在，我炖的都是一些蔬菜汤，最常喝的是排毒汤，做法很简单，食材也很常见。先把卷心菜、洋葱、南瓜、胡萝卜洗干净切成大块，炖之前要把西红柿煸炒一下，将里面的番茄红素炒出来，而且带点油的西红柿吃起来味道更好、也更容易吸收。然后将准备好的蔬菜全部放入锅中，一起炖煮1小时左右就行了。喝完之后，身体舒畅，排毒养颜，心情也随之变得更好了。

食物是承载感情的器皿

现在我有更多做菜的机会了，但小时候并没有那么好的条件。我做的“人生第一道菜”好像也就是下面条吧。因为我很小的时候就住校了，大部分时间都在学校度过，没办法自己做菜。

对我而言，做菜也是一个静心的过程。当你在家里自己做菜的时候，要想做得好，就需要用心，需要一个较为安静的、不会干扰到你正常发挥的环境，尤其是手握菜刀时，一定不能有特别多的杂念。最后做出的菜、饭好不好吃，除了跟食材、厨艺等因素有关之外，还跟当时做菜者的心境、对于这道菜的投入程度有直接关系，跟思想、精神都有所关系。

尝过我手艺的人，都说我做得很好吃，大概就是因为我对做菜有一种热爱，而吃菜的人也从中尝到了我的这份爱心，自然就觉得这个菜与外面批量化“生产”的菜不一样了。我觉得做菜就是一种爱的奉献。如果只是为了填饱肚子，为了应付一日三餐的话，就会觉得这是一种负担，未必能做出很有“灵魂”的菜。但如果乐在其中，并且享受做菜的过程，那么或许这道菜做出来的味道就会有些不一样了。

食物是有魔力的，味觉会让你的身心有所触动。在2023年我演的话剧《寻味》里，就有一碗小小的面条，那是亲情的味道，血浓于水的味道，让我非常感动，也让我对于食物有了更深刻的认识。除了饱腹之外，食物本身又承载着什么样的感情和意味呢？在品尝的时候，我们可以多去感受这一点。

蔬食也可以有滋有味

很多人觉得蔬菜就是清汤寡水，要么就是清一色的蔬菜沙拉，总之是寡淡的、没有滋味的。其实不然，从色香味各个层次来看，蔬食也能做到跟平常吃的饭菜几乎一样的味道。现在的蔬食餐厅越来越多，口味也更多样、美味，也可以满足味蕾的欲望。

我在社交平台开设了美食专栏，和大家分享好吃的应季食谱，我想通过这种分享，让更多人知道应季而食的生活方式，选择应季食材不仅可以享受到最自然鲜美的味道，还有助于调节生理节律，顺应四季的变化。

蔬食不等于寡淡，蔬食也可以有滋有味。

怎样有滋味？说来也简单。按自己喜欢的口味去做不就可以了嘛！如果喜欢重口味，不妨尝试用红烧，辣炒也行。此外，还可以学着去做蔬菜高汤，它也能起到提鲜作用。

我在做蔬菜的时候，不会故意去把它做成一盘“清汤寡水”，还是会用到“煎、炸、烧、炖”等丰富的技法去做，只不过食材用的都是蔬菜、豆腐、菌类等。打个比方，烤面筋的时候，放点孜然和辣椒，味道也很香啊，把蘑菇煸一煸、炸一炸，也能做炸串。还可以做蔬菜天妇罗，用蘑菇、玉米、红薯等蔬食裹上面粉，炸出来蘸点酱汁，也是天妇罗。包括炸酱面也可以用菌菇、豆腐等蔬菜炒成的炸酱，再和面条拌着吃，也可以有滋有味。还有咸粽子也可以用蘑菇、豆腐等做馅。

蔬菜天妇罗

天妇罗的调味以清淡为主，注重突出食材本身的风味，所以原料的新鲜很重要。虽然万物皆可天妇罗，但是应季而为，不同的季节选择不同季节的特色食材，这样做出来的食物自然也更美味。如春季，可以选用春菊叶、樱花叶、鲜笋、芦笋等；夏季，可以选择茄子、秋葵、紫苏叶、苋菜叶等；秋季，可以选择南瓜、冬瓜、银杏、毛豆等；冬天，可以选择土豆、红薯、胡萝卜等。

天妇罗的另一个关键就是裹食材的面糊，最常见的是鸡蛋面糊。一般由面粉、鸡蛋、水调制而成，其中面粉最好选择筋质含量在10%以下的低筋面粉，它们之间的比例是鸡蛋占15%，面粉占35%，水占50%。蔬菜天妇罗的面糊中没有鸡蛋，可以换成低筋面粉、酥炸粉和冰水，这种面糊做出来的天妇罗挂面薄而脆。

炸酱面

炸酱面是我很喜欢的一道北京菜，虽然都是一些家常食材，但是搭配起来，口感筋道、十分鲜美。传统老北京炸酱面有八道配菜：青豆、黄豆芽、鲜香菇、芹菜、心里美萝卜、黄瓜、白萝卜和香椿。不同店的配菜会略有不同，平时在家

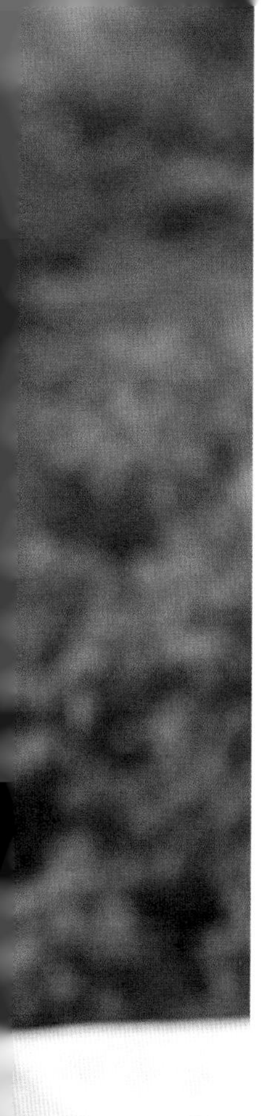

自己做，也可以根据自己的喜好，放不同的配菜，特别的灵活，我很喜欢。而且自己一个人吃饭的时候，炸酱面也很省事。炸好的酱放在密封的罐子里，冷藏可以储存1周。平时下班回家晚，只需要煮把面，切几个配菜，舀一勺炸酱，就能开吃，特别方便，也不用担心做多做少的问题。

关于炸酱面还有个小窍门介绍给大家，是我在无意中发现的。炸酱时常常有酱汁迸溅出来，如果加入一些橄榄油，不但酱汁不容易迸出来，而且酱也不容易炸干，这样炸出的酱吃不完放进冰箱里，可以随吃随取，几天都不会变干。

忙里偷闲，在剧组做饭

平时进剧组，我也会带上一些锅碗瓢盆去。

面对紧张忙碌的工作，更加需要忙里偷闲用美食犒劳一下自己。

在拍摄过程中是有放饭时间的，这个时候，我会在房车上自己动手做饭。因为时间紧迫，我最常做的是家常面条。虽然剧组的工作节奏很快，但好在我本身是一个很麻利的人，做饭也很快，迅速地洗洗切切，把菜放锅里一炒，再煮点面条，一炒一煮间，热气腾腾的饭菜就出炉啦，整个过程对我也是一种享受，吃到胃里暖暖的。特别忙的时候，我会提前把水烧好，准备好食材，只等着烹饪。我经常跟工作人员一块分享我煮的面，那种家常的味道很温馨，她也挺爱吃的，我们一起吃得不亦乐乎。

如果当天场次等的比较多、时间比较充足，我也会自己简单炒两个菜，倒没有什么固定的菜式，主要还是就地取材，能在当地买到什么，或者当季的蔬菜是什么，我就做什么。我的个性是比较随缘、随意的，顺风而生，随遇而安。这种性格延伸到吃上面，就是给予我什么，我就去做什么。在这个过程中，如果心态调整好，即使粗茶淡饭，也会是愉悦的。

对于“吃”这件事，我觉得它是维持生命的“燃料”，不一定什么时候都要那么精致或讲究。记得有次在重庆拍戏，一个茶友给我带了当地的特色刀削面团，趁工作中的空档，我想赶紧做个刀削面尝尝。可惜找遍了剧组，也没找到菜刀。削不了可怎么办呢？我就在那儿拿着面团用力扯扯扯，硬是把刀削面给做成了扯面，虽然结果和设想的有差别，但味道是一样的美味。这就是我的随遇而安法则。

如果住的酒店里有餐厅，我也会去餐厅打包一些生的蔬菜拿到房间，把菜放进锅里煮一煮，再放点调味料，也是简单一餐。

我还喜欢自己研制一些当季、合胃口的小菜。

凉拌木耳、银耳水果汤，是我在剧组常做的两道菜。干木耳小巧轻便，去外地拍戏，可以随身携带，前一夜用水浸泡，第二天洗净后，放入少量生抽、醋、盐，切一些生黄瓜丝，拌匀即可。如果有条件，还可以拌一些水发的黄花菜、胡萝卜丝或其他蔬菜丝，但黄花菜要记得用热水过一遍，生吃有毒。干银耳也是便于携带的食材，外出拍戏，行李箱里放一小包，能吃很长时间。炖银耳汤时还可以就地取材，放梨、木瓜等水果。红枣、枸杞则要晚一些下锅，而且红枣要去核后煲，否则容易上火。

食物的魔力来自大自然的滋养

最简单的食材往往最让人怀念。有一次我和朋友在家喝茶，我简单做了个蔬菜面，我们一起吃得很开心，我朋友后来还总跟我说怀念我做的那碗面条。其实面也只是普通食材做的蔬菜面，但就是让人久久不能忘怀。哈，看来我做的饭还是有点魔力。

尝过我手艺的人，都觉得原来蔬菜也没有那么单调。虽然有些菜很简单，也就是西红柿、豆腐、叶菜、蘑菇之类，但吃完就会给人满足的感觉。我认为这种植物带来的满足感，其实是一种来自大自然的能量。

何为好吃？并不是越复杂就越好吃。健康的食材、干净的配方、简单的配料也能够做出可口的美食。

面食也是简单、易做又好吃的食物。像我就很爱吃馄饨、饺子、包子，制作方法很简单，把喜欢吃的食材放在里面包起来就可以了。香菇、白菜、茴香、春笋、胡萝卜切碎了，都可以做馅儿，再放上一点香油、生抽、盐，搅拌均匀，煮熟后蘸点醋或者酱油，吃起来就很鲜了。

我们平时吃东西，吃的不仅仅是一种味道，还有食材带给我们的愉悦感。我们的身体在接受了健康、有能量的食物后会发出信号，让人感慨，好像眼前的这碗面跟之前在餐厅点的那碗面有点不一样，但具体哪儿不一样？又不一定能用语言来准确描述。

我曾经看过一个视频，讲一个做川菜的厨师，他刚学厨艺的时候做的也是很重口味的菜。川菜讲究麻辣，制作时放的调料品相对比较多。后来慢慢在某一个阶段，观念上发生了转变。现在他已经成为米其林大厨，觉得一定要尊重食材的本味，返璞归真，这样做出来的菜反而“大道至简”。而不是简单粗暴地用很多调味品去包装食材，从而给味蕾一种刺激。

我也是这么认为的，最真实、自然的东西，往往让人难以忘怀。平时去餐厅或者自己做饭的时候，我都更偏爱天然无加工的纯植物食材。天然是我最喜欢的食物基调，我会选择加工程序尽可能少的食物。

平时买菜的时候，我喜欢选择一些农家自己种植的蔬菜，炒起来更有小时候的味道。

为什么有些蔬菜水果拿过来洗一洗直接吃，就会让人觉得很满足，甚至很快乐？因为植物通过光合作用，吸收土壤的养分、大自然的水和光，这些都是大自然赐予植物的能量，我们吃下去后，也能感受到大自然的这种能量和滋养，身体的每一个细胞都会觉得满足，容易有饱腹感。我也遇到过有些食物，做得很香，也很好吃，但身体是诚实的，吃完后并不能够感受到这个食物给予我们的能量。所以我们把大地称为母亲，就是这个道理，大地像母亲一样滋养着我们，这种滋养很多时候就是通过食物传递给我们的。

豆类的打开方式

我爱吃豆类。

植物蛋白质是来源于植物的营养物质，比较容易被人体消化吸收。豆类就富含植物蛋白质。我对很多种类的豆都非常喜欢，鹰嘴豆、豌豆、蚕豆、青豆、毛豆……

说到毛豆，我们湖北人喜欢吃卤毛豆。想起刚来北京的时候，那会儿还在中国戏曲学院附中读书，学校附近常有人沿街叫卖“卤花生，卤毛豆”，听到之后，我就很嘴馋，经常买回来吃，那个味道真的特别香。时隔多年，我和妈妈依然清晰地记得当年的那个叫卖声和那个香味。

北京的卤花生、卤毛豆和我们湖北不太一样，北京的卤法大多数是五香味。我们则会放辣椒、花椒、酱油，味道更重、更偏辛辣。做这道菜时要注意，煮毛豆时，不要将豆子直接下锅煮，要先用剪刀把毛豆的两端剪掉。一般两边都剪个口子，卤的味道就能渗透得比较浓，更加入味。

当然毛豆也可以清水煮，只放一点盐都能很好吃。但要记得在水开之前不要盖锅盖，避免毛豆发黄。

提到豆制品当然少不了豆腐，豆腐富含蛋白质，做法多样。根据不同品类的豆腐，有不同的做法。像北豆腐适合煎炖，南豆腐适合麻婆，内酯豆腐则适合凉拌。小时候我爱吃皮蛋拌豆腐，调整饮食以后，我会用一些蔬菜和豆腐搭配，再调制一些自己喜欢的酱汁淋上去。

因为爱吃各种豆子，那么由大豆发出的豆芽也是我爱吃的。豆芽炒一炒，放一点点花椒，一点点辣椒，放点儿醋，一道美味的酸辣豆芽就出锅了，非常开胃。虽然离开家乡很长时间了，但我还是拥有湖北人的胃，对酸辣的味道比较有亲切感，也更喜欢。

豆浆也是一种对女人很好的饮品。平时在家我也会打豆浆，有时候打纯豆浆，有时候打五谷豆浆，我做饭比较随心所欲，跟着感觉走。今天抓点儿糯米，明天搞点儿花生，后天再来点核桃、黑豆，反正就是各种豆类和五谷随意放进去，有时候还会放红枣、莲子。更多时候取决于手边有什么食材。有时候也会根据气候来决定放点什么。天比较热的时候，我就会加点莲子、绿豆、百合，清热解火、养心安神。说到百合，兰州那边的百合就特别好，新鲜的百合吃起来甜丝丝的，就跟吃水果一样。除了可以打豆浆，还可以凉拌，跟云南的新鲜核桃拌在一起吃，口感清甜又鲜脆。新鲜核桃和新鲜百合也是一种绝配，有机会大家可以试试。

人生如茶，沉淀孕育转变

喝茶是和大自然亲近的过程。

喝茶也要喝对茶。就好比我们吃的米饭，都是大米，可为什么有的米很好吃，有的米很难吃？有品种、种植、新旧等很多因素，最终影响了米的品质，所以不同的米呈现出来的状态也不同。

茶也是一样。所有茶里面我最喜欢喝普洱，很香甜丝滑，不同年份的普洱又带来不同的神韵。普洱茶也分很多种类，很多山头，现在都习惯讲山头。而且种植的过程不一样，呈现出来的茶的口感也会千差万别。

普洱茶也是一个变化的茶。第一年采摘下来的茶，存放五年、十年、二十年的状态是不一样的。我觉得和人挺像，一个人会成长，会随着岁月的历练而慢慢地蜕变成不同时期的自己，在不同的年龄，呈现出来的生命状态也不同。普洱茶也是这样的。或许这也是我爱普洱茶的一个原因。所以有些人会给自己的孩子存茶，在孩子刚出生的时候买一个茶饼封存起来，一直存到18岁成年，或者存到成家了，再打开。因为在这个过程中，茶也会随着时间发生变化，就像孩子的成长一样，寄托着父母的美好祝福。有的父母还会选择和孩子出生体重一样的茶饼，这样就更具纪念意义，但注意需要选择品质好的生茶。

干净的茶会让人安神，让人平静，特别是年份相对老一点的普洱茶，能让人更快速地进入到一个空无、定神的状态，这种干净而又具备能量的茶，能起到平心静气的作用。干净的茶，不仅指茶本身的干净，还包括各个环节，从采摘、运输、制作、储存等环节都要保证干净，这样泡出来的茶才纯净，喝完才能获得茶的能量，让人有幸福感。

世上没有完美

世上没有完美，特别是当我们去跟别人比较的时候，永远都会觉得自己不够完美。或许这也是许多人容易不开心的原因。想要变得更好就要正视并相信自己，努力付出也就无怨无悔，我觉得每个人都是独特的，都不要轻易放弃，不管现在处于贫穷也好，生活遇到困境也好，要相信这个世界总有一束光是为你而照耀。我一直坚信人要向上、向阳，多去想一些好的事情，就像吸引力法则一样，要想好的东西，好的东西才会向我们靠拢。我是这么觉得的。

我小学毕业十一二岁就来到北京上学，后来再定居。也经历过去试戏没有被选中，印象最深的是去临时剧组，跑组见导演、编剧、制片人，也遇到了一些挫折和伤害，当时觉得事儿很大，但现在回想起来也就是一种经历。从长远看，遭受一些挫折也是好的，可以在这种心境中磨砺自己，让自己变得更成熟。这世上哪有那么多一帆风顺，都需要我们凭着坚持、信念，靠着自己的努力一步一步走过来。

不过我始终觉得自己还挺幸运的。回过头来想，我很庆幸小时候学了京剧，一学就是七年。学戏曲不仅要吃身体上的苦，每天起来练功，心理上也要承受思念家乡、想念父母的那种“苦”。离家久了之后，自己的那种依赖感也会慢慢变少，个人成长的空间也会变大，变得更加坚强独立。

我曾在微博上转发过一部动画短片，讲述的是一个女孩努力挣脱家庭和社会加诸在她身上的种种"规矩"，勇敢追求冲浪爱好的故事。在转发后我写道："我从小，就被教育守'规则'。那时候在戏曲学校，举手眉眼，转头抬肩，都是'规则'。但我后来常常被身边的人评价，明明是学'规则'出身的人，却在生活里那么不按'规则'出牌。在'规则'里被认定为最应该奋斗上升的时候，我选择把更多的时间用来出国旅行。在'规则'里被认为最应该谈婚论嫁的岁数，我选择继续相信爱的能量多过相信一张结婚证。就在很多人以为我因为喝茶而佛系的时候，我还是可以选择前往一个偌大而陌生的舞台，去见证一场为30岁女性的自身能量而展开的战斗。这些，都是真实的我。"

我内心也有一把衡量“规矩”的标尺，比如“尊师重道、与人为善”是我心目中非常重要的、需要遵守的规矩。到了什么年纪就要做什么事的“社会时钟”，在我这里就显得没有那么重要。如果听从“到了什么年纪就应该做什么样的事”，可能就没有办法做真正的自己。我们真的是发自内心想去做这些事吗？做了真的会快乐吗？我觉得不尽然吧。

人生就像一场游戏，有输有赢不必生气

可能喝茶给我带来了很多能量与自信，我的性格也越来越洒脱，我有了清晰的人生目标，就不太会为很多事情而焦虑。发生什么样的事情，我会想那都是应该发生的，就去接受它。

我相信每个出现在生命当中的人都没有偶然，每件发生的事情都是必然。

以前我的性格比较急躁，也会陷入纠结、愤怒。但现在我的内心变得安静许多，听到更多沉淀下来的、内心的声音，很多事情会看淡，更懂得替他人着想，心思也变得更加敏锐。

其实我本身的性格还是更好动一些，喜欢喝茶后，也对自己有了更深的认知，对自己的想法、情绪能更快速地察觉到，自然而然就更平静。

不过我觉得性格跟天生有很大的关系，甚至天生所占的比例还挺大的。我到现在依然直爽，心里不喜欢藏事。因为我从小就大大咧咧的，肚子里没那么多弯弯绕绕，而且抗压能力比较强。很小就离开父母，生活、学习、情感中的很多事情都得自己来处理、去面对，人就会比较有独立性。

当遇到一些困难或挫折的时候，可能有的人会深陷在那个情绪里面，到晚上睡觉都还在想。但我从来不想，我会觉得这有什么可想的呢？想也不能解决问题。而对于感情，小时候也会憧憬谈恋爱啊，有喜欢的男生，也被拒绝过。可能有人会觉得我不会遇到爱情的挫折，其实不然，缘分是说不准的，可能有人觉得你千般好，但也有人就是觉得你不好，不可能全世界都觉得你好，所以人有时要学会左手拿的时候，右手就放了这个事情，不要太在意负面的声音。

喝茶之后，我感到自己的脾气也慢慢地跟着收敛了，就是自然而然的收敛，而不是特意去控制。

有的人比较容易陷入情绪，但又觉得发脾气不好，那么生气的时候会告诉自己不能生气，这是一种刻意压制，其实情绪并没有得到纾解，时间长了，更容易积郁成疾，把自己闷出病来，倒不如放轻松点。有时候我会把人生想象成一个大型游乐场或是一场戏，把这些挫折和遭遇看作是一个训练自己的游戏，玩游戏也不总是赢，也都是有输有赢的，这样就不会那么焦虑了。把这个大型游乐场玩明白了，人生也就过明白了。当然这个放松的过程也有阶段性，比如以前生气需要两天时间才能翻篇，慢慢这个时间会变成一天、半天、三小时、两小时，到最后达到一转头就能把这个事情放下的境界。这个也是需要训练的，需要有个日积月累的过程，一步步地达到平和的状态，我觉得这点和游戏的“通关”很像。当然，我现在也没有“通关”，也还在训练的过程中。

再说生气也是很不利于身体健康的一件事，很多疾病都是由生气而引起的，那就更加不宜生气啦。

为工作和生活寻找平衡

我的工作节奏很快，有时候三天飞两个城市都是很平常的事情，而且极具不确定性，经常会有突如其来的工作把自己的生活节奏打乱，我们都会遇到这样的问题，只能自己想办法在工作和生活中寻找平衡点。

随着工作节奏越来越快，现在，喝茶是我平衡工作跟生活之间的好办法。喝茶可以让我很好地放松自己，并且很方便简单，对场地条件没有太多的要求。比如我收工后比较累，那么回到住所我就会给自己泡一壶茶，让自己放空一会儿，将身心都从工作中抽离出来。我的工作要求我必须全身心投入一个角色中，其实身上负担了很多“角色”的东西，喝茶能让我“卸”下这些，回归自我。

很多人会问，那么晚喝茶不会害怕睡不着吗？其实好的茶叶还有安神的作用，能帮助我拥有一个高质量的睡眠。这个好指的是茶的品质，要纯粹、干净。没有杂质的茶，才能让品茶者心无旁骛，才能纾缓我们的压力，放松精神，从而睡得更香。

我是一个生活比较简单的人，除了工作，占比时间最多的就是喝茶，没有太多别的消遣。

当没有工作的时候，会去跟茶友喝喝茶。可能会去户外开一个小茶会，大家一起在外面喝茶、休息、亲近大自然。我的时间比较不确定，完全取决于工作的安排，有时候两个工作之间的休息比较长，有时候可能就一两天的调整时间给到我们，所以还是要根据具体时间来安排。

我平时很少去逛商场，更爱户外活动，选择一些回归自然的方式作为生活中的爱好，调节自己，滋养自己的内心。去户外一般也就是散散步、爬爬山，到处走走，主要是转换一下环境，接触大自然，至于做什么倒不是那么重要。

有一次我在重庆拍戏的时候，还抽空去了歌乐山国家森林公园。是自己爬上去的，我不太喜欢在景点坐索道或是游览车，更喜欢自己走一走。可惜当时时间不够，下山的时候选择了坐索道，否则我也想步行下山。

多去户外既是与自然的亲近，也是一种对身体的锻炼。我性格里有活泼好动的一面，也愿意去挑战。之前还参加过赛车队，当时项目组找到我，我一看是个公益项目，没想太多就参加了。我并不惧怕刺激项目，有机会还想挑战一下蹦极。

上市场买更有“本味”的菜

说到买菜，我去市场会比去超市多一些，但如果刚好碰上了，比如顺路经过超市，我也会去超市买菜，并不是说非要去菜市场不可。只是相比之下，我更喜欢菜市场，总感觉那里的蔬菜更新鲜，和人交流的机会更多。

我很享受和别人聊天、交流的过程，这是生活中特别宝贵、好玩的一部分。人与人之间的沟通还是要真实地面对面才会有温度。以前我买菜还会砍价，后来我妈就说我，让我别跟人家砍价，人家赚不了多少钱。我砍价不是真为了钱，但那种少了几毛钱的感觉，让人特别开心。不过后来我也不砍价了，其实现在想想还会觉得砍价也挺有生活气息的。

我没有一个很固定的饮食习惯。有些人的口味比较固定，不太能接受别的地方菜。这方面我倒还好，因为工作，我总是居无定所。我出生成长于南方，又在北方生活了几十年，属于“南北通吃”，在吃方面能够入乡随俗，而且我还喜欢尝试新鲜事物。

有次去重庆拍戏，是在重庆的郊外。拍戏间隙看到有老奶奶提个篮子，摆些菜在地上叫卖，我赶紧过去瞧一瞧，有新鲜的折耳根。很多人接受不了折耳根的味道，但我爱吃。还有老奶奶自己种的黄豆，是真正老品种的黄豆，豆子不大也不是很饱满，但相比那种漂亮饱满的改良黄豆，我更喜欢这种自然生长的，这样的豆味更浓郁。

我很喜欢去这样的地方，感觉和小时候的赶集有点像，当地的农户带着刚采摘的蔬果，沿街摆摊叫卖。现在超市里卖的有些蔬果看起来太过精细，个头又大又特别漂亮，看上去完美无瑕，但我觉得这样的蔬果有点太“假”了。蔬果要吃天然的，人也一样，需要保持简单、自然。

吃得越简单、越干净，对身体越好。我们平时吃饭，有时候即使吃了很多，但感觉好像没吃饱，就像嘴巴吃了，但身体内部却没有得到滋养。我觉得这就是食材原料的问题。

我可能不会去吃昂贵的料理，但我愿意把更多的钱和精力花在食材的选购上，纯天然原生态的蔬菜、大米、植物油……这些对我来说是一个有效地让身体更健康的方式，让身体跟随食材一起回到最原始的状态，皮肤也容易变得有光泽、更细腻。

前不久，苏州的茶友给我寄来了枇杷，是苏州的东山枇杷，吃起来跟我平时吃的枇杷不太一样，水灵灵的，枇杷味很浓郁、很香甜。而且个头比较小，表面有一些纹路，表皮也比较粗糙，一看就是自家的老树结的枇杷。

小时候，很多长在北方的菜我都没听说过，后来物流便利了，南北方的食材就更为互通了。说到这儿，我有感而发——为什么现在南北方人的容貌越长越像了，我觉得跟饮食也有很大的关系，南方、北方的食物都混在一起了，南方人和北方人的长相也不像过去那样有明显的区别了。甚至有的人从外貌来看，并不能让人一眼就能分辨出来是南方人还是北方人。

探索世界的味道，就爱奇奇怪怪的口味

在我很小的时候，幻想过未来有一天，我能当个旅行家去环游世界。

我很喜欢旅行，旅行时不需要太多思考，可以放空自己，很简单很放松。

因为工作原因，我去过很多城市，慢慢就变成了将工作和旅行一起进行。到了一个地方，尝尝当地的特色美食，看看当地独有的烟火气，在不同的地区感受不同的气息，是一种享受也是一种沉淀。

出道快22年的时候，为了庆祝生日，我决定在工作之余开始一场旅行，作为送给自己的"生日礼物"。我自驾了2个多小时去金华古子城，在短暂的旅行中，我打卡了文艺有趣且极具设计感的书屋，还去了当地的特色餐厅，坐在餐厅小天井处听着淅淅沥沥的"雨声"，十分悠闲惬意。

给自己预留一段时间去旅游，去接触大自然，让自己调整一下状态和生活节奏，是很有必要的。

每到一个城市，除了体验自然、人文风情，当然也少不了去体验美食。有次，因为工作的缘故，我在西宁待了几天，在工作转场的时候，我们去吃了当地人很喜欢的一家做黑酿皮、甜醅的店，那是一对夫妻开的店，那也是我第一次吃那种厚厚糯糯的黑酿皮，感觉回味无穷。

我好像很喜欢自身带有浓郁味道的蔬果，像香椿、折耳根、芹菜、榴莲这一类。对食物我有很高的包容度，就算味道奇特我也不会拒绝。比如臭豆腐干、霉豆腐干我都很爱吃。

我还爱吃霉千张。霉千张和霉豆渣同是武汉地区的传统豆制品，二者生产工艺大同小异。霉千张，又被称为“臭筒子”，是千张经过酸化、霉变等一系列过程而成的，制作工艺复杂，稍有不注意就会失败。但味道鲜美，有独特的风味，是豆皮中的经典之作。我还在杭州的餐馆吃到过，做得也很好吃，吃到嘴里有点臭臭的，非常下饭。后面才知道霉千张也是绍兴的特产。可能有许多人吃不惯那种味儿，但我会感到它很特别，个人喜好不同。

我还喜欢吃火锅。之前在重庆拍戏时，没事就会去吃火锅。有些餐厅会有特制的火锅底料售卖，相熟的朋友介绍我去买了一些，去火锅店吃饭的时候，我们就请服务员用白开水冲上自带的特制火锅底料，然后再点一些店里的蔬菜涮就行啦。

还有一年春节去马来西亚，当地的春节食物给我留下了很深刻的印象，各种颜色的蔬菜丝、水果丝，淋上酱汁，大家一起捞着吃，寓意来年都能够好运满满。

你的生活方式代表了你的生活态度

很多人觉得十几年如一日地喝茶，会不会有点枯燥？

这对于我不仅是一种生活方式，还是一种态度。喝茶让人变得更加简单，更关注自己内心，慢慢地内心也变得更加坚定。

在外界的一些人看来，我可能是一个没有太多欲望的演员。确实我本身并不是一个有长远规划的人，大部分时候都是走一步看一步，抱着这样一种心态向前走，沿途反而有更多的收获和感受。我其实也不太会受到外界评价或者关注的影响，做好自己的事情就可以了。保持自己处于真实的状态，这个对于我来说更重要。

常常会有人问我保养的秘籍，我觉得健康和美丽是自内而外的。我更看重内心的修养，内在的东西才是永远属于自己的，健康的饮食和茶就很好地滋养了我的内在。我不建议大家轻易改变自己的饮食结构，如果能找到别的方式使自己身心得到滋养，也一样很好。

我喜欢主动去发掘自然的味道和健康的饮食搭配，也喜欢和大家去分享这些发现，我尝试在社交平台上和大家分享一些美食视频。没想到收到了很多粉丝的关注和信息，有人会问到一些做菜的步骤，有人问我有没有补充过额外的营养素。当工作量加剧的时候，我也会补充一些营养素，但都是偏植物系的，比如玫瑰精油、海岸松、枸杞饮这类。平时我也不会每天都很精准地去做营养搭配，主要受限于工作，没有这个条件，更没有营养师的搭配。有时间我会就地取材，做一些应季菜。没时间的时候，我也会点外卖，现在餐厅的选择也比较多，性价比高一些的餐厅都可以去尝尝，遇到喜欢的菜，我会尝试在家里复刻。

不管是什么样的生活方式，如果没有健康的饮食习惯，总是重糖重油同样也会让身体变得不健康。所以健康、科学、营养是我的饮食标准，多吃应季的纯天然蔬菜，多吃粗粮和豆制品，就是我的法则。闲暇空余时我也会看一些关于科学养生的文章，还会利用厨余做一些清洁用的酵素，也为环保尽自己的一份力。

最后希望大家都能遵从自己内心的选择。人生是一场修行，尝百味方知人生味。

本书调味品量取对照表：

1茶匙液体调料=5毫升　　1茶匙固体调料=5克

1/2茶匙液体调料=2.5毫升　　1/2茶匙固体调料=2.5克

1汤匙液体调料=15毫升　　1汤匙固体调料=15克

第二章 春吃菜

饮食之道，法于天地自然。顺应季节、多吃应季菜，是其中的一个重要法则。

春夏秋冬四季分别应该怎样去吃，如何顺应时节调整饮食也是一件讲究的事情。

春到人间，草木先知。这个时候正是品尝春盘菜，品味人间清欢的好时机。

春吃芽。春生万物，气温由寒转暖，这个季节，芽类蔬菜肥硕鲜嫩，可以促进升发。被古人称为“种生”的豆芽就非常适合春季吃，能帮助五脏从冬藏转向春生。而且，豆芽还具有清热的功效，有利于肝气疏通、健脾和胃、缓解春季气候干燥导致的“燥热”。所以春季可以多吃绿豆芽、黄豆芽、豌豆苗、韭菜苗、菜心、香椿等芽苗类。

其中香椿是春天少不了的时令蔬菜，“门前一树椿，春菜不操心。”谷雨前后正是吃香椿的好时节，北方人称之为“咬春”。香椿，是中国人自古以来就喜欢吃的“树上蔬菜”。是名副其实的有香气的春芽，那种自然散发出的独特香气，让人闻之难忘。我喜欢做香椿拌豆腐，新鲜的香椿要用开水汆一下，去掉涩味，捞出沥净水切末。豆腐可以选用卤水豆腐或者内酯豆腐，如果用卤水豆腐，也需要先汆一下，去掉豆腥味，再切成小块，沥净水。将香椿芽末倒入豆腐块中，再放入香油、生抽和盐搅拌均匀就好啦。香椿跟豆腐一拌，白绿交互，清爽可口。

春天，藜蒿也很受我们湖北人的喜爱，我也很爱吃它，现在都还记得小时候在老家吃的藜蒿，有着一股很浓郁的野味儿，跟现在我在超市里买的一些藜蒿完全不是一个味儿。小时候经常吃藜蒿炒腊肉，调整饮食后，就改吃藜蒿炒香干，做法很简单，只要放一点油、盐，基本不用加其他佐料，清炒出来就是藜蒿秆儿和香干混合而成的自然清香，吃完后，会感觉到唇颊格外清爽！还有水芹菜，也是我们当地的特色蔬菜，是一种长在水边的芹菜，含有大量的膳食纤维，也有一种独特的味道，芳香袭人，喜欢的人很喜欢，不喜欢的人可能会觉得呛鼻子。这种水芹菜还具有散热、祛风利湿、健胃利血、润肺止咳、降血压等功效，是典型的药菜两用。

我还喜欢吃笋。“食过春笋，才方知春之味”。春天的餐桌上，怎么能少得了一道笋。色泽红亮，咸中带甜，鲜嫩爽口，油焖春笋作为一道具有春天仪式感的家常菜肴，让我百吃不厌。红烧是我比较喜欢的一种烹调方式，简单的烧法可以还原春笋原本的鲜美。一口脆爽，一口新鲜，水灵灵、脆生生的春笋，每咬一口都带着浓浓的春日味道。

我还喜欢吃莴笋，喜欢莴笋那种清香的味道。我小时候生长在湖北，那里的水产品非常丰富，有很多野生的鱼类，我们那儿的人很喜欢吃鳝鱼，我爸就擅长做鳝鱼炖莴笋。而我更爱吃凉拌莴笋，一般不焯水，有些人可能觉得有股生味，但于我是一种清香，这种味道还带着童年的回忆，又很有能量。洗净切好后再淋点生抽、香油，撒点辣椒圈，鲜嫩可口、开胃解腻，吃完之后整个人会感到有一种满足感、幸福感。

之前，我偶然路过北京的一个商场，发现有个卖有机食品的集市。我就买了点儿回家。那个莴笋非常好吃，我回去轻轻地削掉莴笋的外皮，洗干净后切成小的滚刀块儿，再放点儿盐、香油、生抽，鲜香无比。

还有春天的芦笋也是不能错过的。用黑胡椒、橄榄油和盐清炒出来的芦笋，不仅保持了芦笋脆爽的口感，而且不会过多地破坏芦笋本身的营养成分。做这道菜时，先把芦笋洗净，尽量甩干水，可以切小段后用甩水篮甩干，因为芦笋本身在炒制过程中会出水，如果外表的水不擦干净，锅中出水太多，会影响芦笋爽脆的口感。然后锅里放橄榄油烧热，放芦笋炒2分钟，再加入黑胡椒、盐一起炒1分钟，一道美味爽口的黑胡椒芦笋就出炉啦。

暖胃关东煮

初春的时候总会时不时感觉天气有点倒春寒，这种时候的幸福感应该就是宅在家里吃一口热气腾腾、咕嘟冒泡的关东煮吧！将不同的食材混合在一块，更能激发食材的美味。大家也可以随意选取自己喜欢的食材进行搭配。

主料 昆布10克 ┆ 玉米1/2根 ┆ 胡萝卜1根 ┆ 白萝卜1/2根 ┆ 香菇2个 ┆ 苹果1个 ┆ 豆腐300克 ┆ 魔芋丝200克

配料 盐1/2茶匙 ┆ 老抽1/2茶匙 ┆ 生抽1茶匙 ┆ 糖1茶匙

做法

❶ 将玉米、胡萝卜、白萝卜、香菇、苹果、豆腐切好。胡萝卜切成滚刀块，豆腐可以稍微切厚一点，这样口感更好。

❷ 将昆布洗净，用水浸泡好；魔芋丝洗净备用。

❸ 将昆布和浸泡昆布的水一起放入锅中，并加入热水，根据锅的大小和食材的量加入盐、老抽、生抽、糖调味。

❹ 再把刚才切好、洗净的食材依次放入，小火焖煮20分钟，即可。

曾黎小秘诀

很多人会买调料包在家煮关东煮，但煮出来总少了点滋味儿。其实只需要加一个苹果，味道就会变得更加清爽，鲜甜咸香一下就出来了。食材吃完后，剩下的汤还可以再煮一锅泡面，或者用来泡饭吃，也非常美味。

湖北春卷

立春的习俗各地不同，在我的老家，立春要“咬春”，就是在立春的这一天吃一些新鲜野味馅的春卷，一口咬下去能感受到浓浓的春天气息。据说“咬春”以后，整个春天都不会犯困呢。我们老家湖北就是用这个来迎接春天的到来。每到春天，我也总是会特别怀念那一口。

春节或立春时，我们都喜欢吃炸春卷。春卷的外表是长条状的面皮，里面包着馅，都是一些自己喜欢吃的菜，卷起来炸一下，金黄可口。小时候我在市场经常看人烙春卷皮。就记得那个烙饼的平底锅，下面支着蜂窝煤，然后有人端着一盆面，面和得比较稀，淋在锅上，就那么用手一摊，一张薄薄的皮就好了，那个画面至今让我印象深刻。

今天跟大家分享我私藏的家乡美食——湖北春卷。乌塌菜又叫泡泡青，是湖北随州的特产，我小时候经常吃，口感有一点类似于芥菜。豆苗可以涮火锅、凉拌或者清炒。还有湖北的特产莲藕，放在春卷里能增加嚼劲，使其口感更加脆爽。而香干则含有丰富的蛋白质，给营养加分。

主料 莲藕1节 ¦ 香干2片 ¦ 乌塌菜1棵（湖北随州特产）¦ 豆苗50克 ¦ 红薯粉丝50克 ¦ 春卷皮5张

配料 食用油500毫升 ¦ 盐1/2茶匙 ¦ 酱油1茶匙 ¦ 香油1茶匙 ¦ 白胡椒1/2茶匙 ¦ 白糖2克

做法

❶ 将莲藕去皮后，先切成厚片，放在清水里浸泡30分钟，可以更方便地去除里面的泥。清洗干净后再切成小丁。

❷ 香干切成小丁，并与清洗干净的莲藕丁混合在一起。所有食材切得越小越好。

❸ 将乌塌菜和豆苗焯水后捞出，放入凉水中过一下，可以保留青菜的翠绿色。将红薯粉丝也放入热水中焯软，这样口感更佳。

❹ 将乌塌菜和豆苗从水中捞出，拧干水，切成碎末。红薯粉也切成碎末。

1

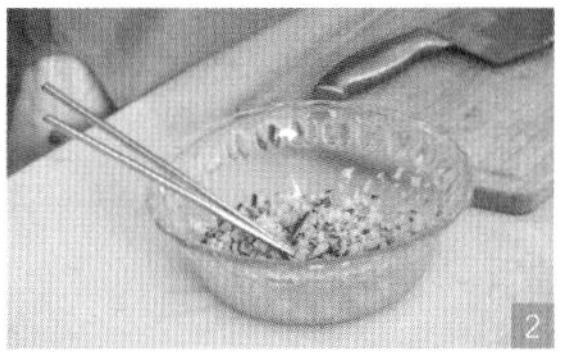
2

3

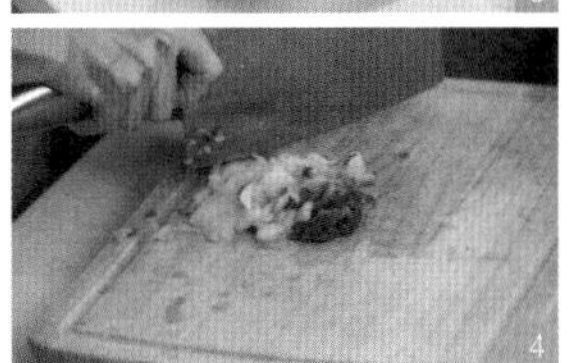
4

❺将所有切好的食材，混合搅拌均匀，放入盐，酱油，香油，白胡椒调味，再放一点白糖提鲜。

❻将搅拌均匀的馅料横放在春卷皮里，摆放成细长条。用水沾湿春卷皮的四周，有点水才能把皮粘住。

❼像裹被子一样，将春卷紧紧卷起，最后再用点水涂抹春卷皮边缘，帮助粘住收口。

❽热锅倒入食用油，将包好的春卷放进锅中，用小火慢炸至金黄半熟的状态。

❾将春卷捞出放在盘中，吃之前，再用油锅微微复炸一下，即可。

曾黎小秘诀

因为放的蔬菜都是比较容易熟的，且春卷还需要复炸，所以第一次炸的时候不用炸得特别熟。买莲藕时注意，尽量买两头有藕节封死的，这样里面泥比较少、比较干净。

健脾开胃 蔬菜馄饨

小时候，是妈妈教会我包第一个馄饨，长大后每次吃馄饨的时候都觉得有“妈妈的爱”在里面。今天就教大家包一顿超香的馄饨吧！

来北京之前，我从来没有吃过茴香，但是吃过一次后，就感觉相见恨晚！因为我很喜欢吃这种自带独特香味的植物。而且茴香还有散寒止痛、理气开胃的作用，最适合春天食用。春夏交接的时候，正是吃茴香的好时节，这个时候的茴香口感最好、最鲜嫩。茴香的吃法也很多，可以凉拌、可以做饼，但最常见的还是做馅，这道茴香馅的馄饨，就是我春季的最爱。

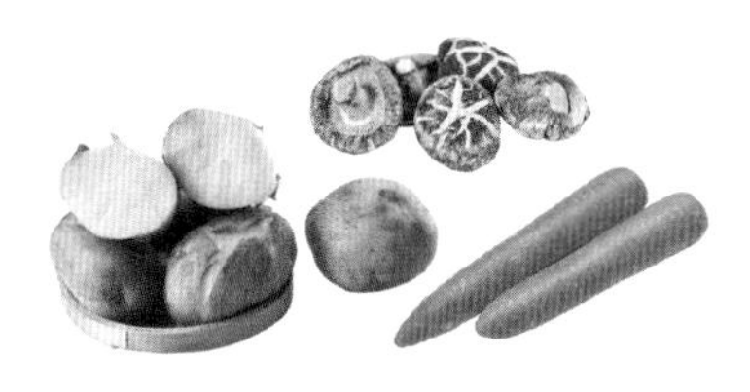

主料 馄饨皮15张 ┆ 茴香100克 ┆ 白菜80克 ┆ 香菇3个 ┆ 土豆1/2个 ┆ 胡萝卜1/2根

配料 盐3克 ┆ 白糖1克 ┆ 酱油1茶匙 ┆ 蚝油1茶匙 ┆ 香油1茶匙 ┆ 小葱1/2根 ┆ 熟芝麻适量

女性可以适量补充种子类的食材，所以我在最后加上了熟芝麻。

做法

❶ 将茴香、白菜、香菇、土豆、胡萝卜、小葱切成末。

❷ 将所有切碎后的食材放到盆里，倒入盐、白糖、酱油、蚝油和香油一起搅拌均匀。

❸ 取适量的馅料放在馄饨皮中间，四面沾水。先用两边向内折起，再将两头向中间对折粘住。另有一种包法，直接将馄饨皮对折，再将同侧的两个角粘合在一起。

❹ 锅中倒水，水开后下入馄饨，煮5分钟左右。

❺ 将葱末放入碗中，依次加入酱油、香油、蚝油，倒入一点煮馄饨的汤融化调料。将煮熟的馄饨盛入碗中即可。食用前可以撒上一点熟芝麻作为点缀。

鸡毛菜白菇煮米粉

鸡毛菜堪称绿叶菜里的天花板，含丰富的纤维素。它不但可以促进肠道蠕动，还能促进消化，缓解腹胀和便秘等症状。其口感又脆又嫩，煮米粉的时候放一些进去，是绝佳的搭配，再加上一些白菇，直接鲜掉眉毛啦！春天吃这道一人餐，清淡又营养，让人如沐春风。

主料 鸡毛菜250克 ¦ 白菇3个 ¦ 海藻晶粉100克

配料 食用油1汤匙 ¦ 蒜末20克 ¦ 盐1/2茶匙 ¦ 香油1/2茶匙

做法

❶ 将海藻晶粉放进冷水里浸泡2小时，泡好后将粉捞出。

❷ 将白菇洗净切成片；鸡毛菜洗净。

❸ 起锅烧油，倒入蒜末炒香后，下白菇煸炒1分钟，加盐再煸炒2分钟。

❹ 锅中倒入开水，将泡发好的海藻晶粉放入，转中火，将粉煮熟。

❺ 粉煮熟后，再将鸡毛菜放入，一起煮2分钟，倒入香油即可出锅。

曾黎小秘诀

在准备食材之前就可以先放半锅水烧上，这样等食材准备好之后，水也烧开了，可以直接把海藻晶粉放下锅，节省时间。

懒人快手仙豆糕

曾黎小秘诀

煎炸类的食物，虽然好吃但不要贪嘴多吃，偶然解解馋就可以，过多食用容易导致肥胖、加速衰老，甚至引发心脑血管疾病。

主料 手抓饼1张

配料 紫薯汤圆4个（汤圆内馅可根据喜好选择）

做法

❶ 手抓饼提前解冻，用刀切成大小均匀的4块。

❷ 拿起1/4块手抓饼，将汤圆放在中间，像包饺子一样包起来，再用手搓圆。

❸ 将包好的面团直接放到锅中，中小火煎。手抓饼是采购的半成品，本身就有油，所以煎的过程中不用再额外添加油。

❹ 利用锅铲将仙豆糕整形成四方形，把各侧面立起来煎，让其受热均匀，煎到表皮金黄就可以啦。

1

2

3

4

炝炒开胃小藜蒿

俗话说："正月芦，二月蒿，三月当柴烧。"农历二月，正是吃藜蒿的最佳时机。在我们湖北，藜蒿是春季最受欢迎的食材之一，鲜甜脆爽，营养丰富，每天吃都不会腻。这道炝炒藜蒿的做法简单，自己在家只需十分钟就能做好，无需任何复杂步骤，直接炒着吃就很美味。

主料 藜蒿200克

配料 生姜1片 ¦ 大蒜1瓣 ¦ 小米辣5根 ¦ 食用油1汤匙 ¦ 生抽1/2茶匙 ¦ 盐1/2茶匙

做法

❶ 藜蒿洗净择好，切成4厘米左右的段；小米辣切碎；大蒜切成蒜片。

❷ 起锅热油，加入小米辣、生姜片、蒜片翻炒煸香。

❸ 倒入藜蒿和生抽，爆炒至其变软。

❹ 加入盐调味，翻炒均匀即可出锅。

曾黎小秘诀

藜蒿不适合炒太久，大火快炒1分钟左右就可出锅，这样能保持它独有的香味和清脆口感。

减脂莴笋汤

不知道大家喜不喜欢吃莴笋呢？像莴笋这样富含维生素和矿物质的绿色蔬菜最适合春天食用啦，清爽可口还不会令人发胖。平时大家都是凉拌或炒着吃居多，但其实莴笋也可以用来煮汤，方法简单又不失清脆的口感。莴笋汤喝起来清甜爽口，别有一番滋味。

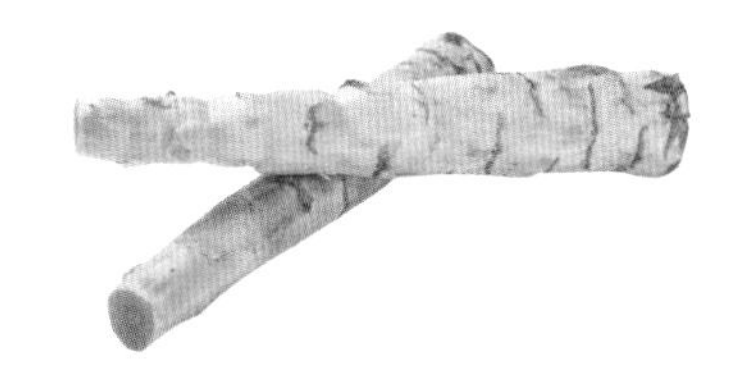

主料 莴笋1根

配料 食用油1汤匙 ┆ 小葱1/2根 ┆ 盐1/2茶匙

做法

❶ 莴笋洗净，去皮后切丝；小葱洗净，切成葱末。
❷ 起锅热油，倒入莴笋丝翻炒。
❸ 等莴笋丝变色变软后，加入冷水和盐，大火煮开后，转小火焖7分钟左右。
❹ 撒上葱末后，即可出锅。

曾黎小秘诀

莴笋丝翻炒时间不宜过长，变色变软后就可以加水，以免影响爽脆的口感。

清火莲子炒芦笋

莲子炒芦笋是一道特别好吃的低脂全蔬食，口感鲜嫩清爽，特别清热解暑，润肺健脾。此外，莲子也有安神降火的作用，春天容易乏累的时候，不妨来试试这道菜吧。

主料 干莲子10克 ┆ 芦笋200克 ┆ 红椒1/2个

配料 食用油1汤匙 ┆ 玉米淀粉1汤匙 ┆ 生抽1/2茶匙 ┆ 盐1/2茶匙

做法

❶ 干莲子提前泡发后对半破开，并去掉莲子芯。锅中放水，大火将水煮沸，放入莲子后转中火煮15分钟，捞出备用。

❷ 芦笋洗净，斜切成小段；红椒洗净后去蒂去籽，切小块。

❸ 小碗中放1勺玉米淀粉，加入凉水调成水淀粉备用。

❹ 锅中放油烧热后，将芦笋倒入锅中快速翻炒，半分钟后放入红椒一起翻炒。

❺ 待芦笋口感变软后，转中小火，放入煮熟的莲子，加生抽、盐一起翻炒均匀。

❻ 将提前调好的水淀粉倒入锅中，待酱汁冒泡煮开后，出锅装盘。

曾黎小秘诀

莲子一定要煮熟，煮到有粉粉的口感后即可捞出；如有新鲜莲子更好，可以使菜品口感更鲜嫩。玉米淀粉不要加太多，以免翻炒时太过黏稠。

春笋酸菜炒蚕豆

在春夏交替的时候，由于气温的突然升高、湿度的加大，容易让人没有精神，偶尔还会觉得胃口不好，吃不下去，这时我通常会做一些比较酸爽开胃的下饭菜。春笋酸菜炒蚕豆，春笋和蚕豆都满含春天的味道，再搭配上酸菜，令人口齿留香、食欲大增。

主料 春笋1/2根 ┆ 蚕豆30克 ┆ 酸菜30克

配料 小葱1/2根 ┆ 小米辣2根 ┆ 盐1茶匙 ┆ 食用油1汤匙 ┆ 蒜末10克 ┆ 白糖1茶匙 ┆ 生抽1/2茶匙

曾黎小秘诀

白糖提鲜，不建议省去；可随意搭配时令蔬菜，但最好是含水量少的根茎类蔬菜。

做法

❶ 酸菜洗净，切成小段；小葱洗净，切成葱末；小米辣洗净，切末。

❷ 春笋洗净，切小片，冷水下锅，水开后再煮5分钟，捞出过凉水备用。

❸ 蚕豆洗净剥好。起锅烧水，水开后下蚕豆，加入盐、食用油，煮熟后捞出过凉水备用。

❹ 锅热不放油，下春笋炒干水分，盛出备用；同样锅热不放油，下酸菜炒干水分，盛出备用。

❺ 起锅热油，倒入蒜末、葱花炒香，再下蚕豆翻炒1分钟，放入小米辣末煸炒。

❻ 下春笋和酸菜炒匀，加盐、白糖翻炒1分钟，再加入生抽翻炒2分钟，即可出锅。

清火春笋面

每个季节都有自己独特的味道，而春天主打就是一个“鲜”！春天的各种笋类都是“鲜美”的代名词，等一年就为这一口。春天来了，有没有像我一样容易手脚燥热的朋友呢？今天的主角春笋不但富含植物蛋白质和纤维素，还能降火散热、开胃健脾，搭配香菇可以更好地保护肠胃。春天一定要试试这碗清火春笋面，低脂健康又容易制作。

主料 春笋2根 ┆ 干香菇5个 ┆ 鲜香菇5个 ┆ 面条100克 ┆ 青菜2棵

配料 生姜8克 ┆ 香菜8克 ┆ 香油10毫升 ┆ 酱油1茶匙 ┆ 白胡椒粉1/2茶匙 ┆ 熟芝麻1茶匙

做法

❶ 春笋洗净后，将底部切掉，从中间一分为二，就可以简单地剥掉外皮，改刀成小笋段备用。

❷ 将洗好的鲜香菇切成片；生姜切成丝；香菜切成末；青菜切碎。

❸ 干香菇用温水浸泡5~10分钟，泡发后切成片。

❹ 锅烧热后，放入8毫升香油，再放入姜丝和干香菇片爆香。

❺ 依次放入鲜香菇片和春笋段，加入酱油翻炒均匀。

❻ 炒熟后，加入泡香菇的水和适量温水，盖上盖焖煮片刻后，加入面条和青菜碎煮熟。

❼ 取一空面碗，依次放入白胡椒粉、熟芝麻、香菜末。

❽ 把煮好的面和汤倒入面碗中，最后可以滴上2毫升香油，撒上少许熟芝麻丰富口味即可。

曾黎小秘诀

我一般会去掉春笋的最前端，因为太嫩了，没有什么口感。同时放干香菇是因为干香菇的味道更浓郁，用来吊汤更香一些。泡香菇的水一定不要倒掉，香菇的精华、鲜味都在泡过的水里。全部都用香油烹炒，是这道菜好吃的小秘诀。

牛油果，原产于墨西哥和中美洲，营养丰富，尤其含有大量的不饱和脂肪酸和多种维生素，具有美容养颜、改善发质、延缓皮肤衰老等功效。将豆腐的细腻和牛油果的丝滑完美结合在一起，不仅颜值高还很美味，是一道简单易做的家常凉菜。不得不说，把内酯豆腐立起来是个技术活儿，大家快去试试看能不能做成功这道菜！

养颜牛油果豆腐

主料 内酯豆腐1块 ┆ 牛油果1个

配料 生抽1茶匙 ┆ 海苔碎10克

曾黎小秘诀

牛油果要买颜色偏深，外皮有点发黑，捏起来稍微有点软的，口感会更好。

做法

❶ 将牛油果去核切成厚薄均匀的片，不要切得太薄，0.5厘米左右。将内酯豆腐也切成同样厚的片，注意不要切碎。

❷ 按照一片豆腐一片牛油果依次在盘中排列好。

❸ 淋上生抽，撒上海苔碎即可。

1

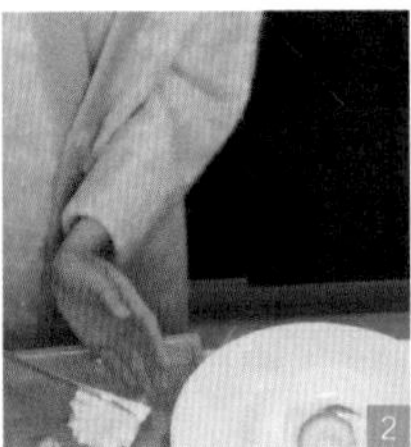

2

3

减脂小豆芽

豆芽富含易被人体吸收的多种微量元素，有助于皮肤清洁，使皮肤变得更白。这道凉拌豆芽可以说是米饭杀手。酸辣爽脆，简单好上手，懒人、独居人士和厨房小白的必备快手菜，减脂期也能吃到爽。

主料 黄豆芽100克 ┆ 青椒1/2个 ┆ 米饭1碗

配料 辣椒粉1/2茶匙 ┆ 白芝麻8克 ┆ 小米辣1根 ┆ 蒜末8克 ┆ 葱末8克 ┆ 香菜末8克 ┆ 生抽1汤匙 ┆ 陈醋1汤匙 ┆ 蚝油1茶匙 ┆ 白糖1/2茶匙 ┆ 食用油少许

做法

❶ 将青椒洗净切成丝，小米辣洗净切成末。

❷ 调制灵魂酱汁：将辣椒粉、白芝麻、小米辣末、蒜末、葱末和香菜末放入碗中，加入生抽、陈醋、蚝油和白糖。

❸ 将洗净的黄豆芽放入锅中焯水，待变色后出锅。

❹ 锅内放入少量食用油，待油烧热后倒入灵魂酱汁中，用热油激发香料的香味，并搅拌均匀。

❺ 把搅拌均匀的酱汁倒入黄豆芽中，搅拌均匀后再加入青椒丝。

❻ 最后将拌好的豆芽铺在米饭上，就成了简易版的石锅拌饭。

曾黎小秘诀

拌米饭时一定要浇点汁上去，这样米饭裹满了汤汁更美味！

1

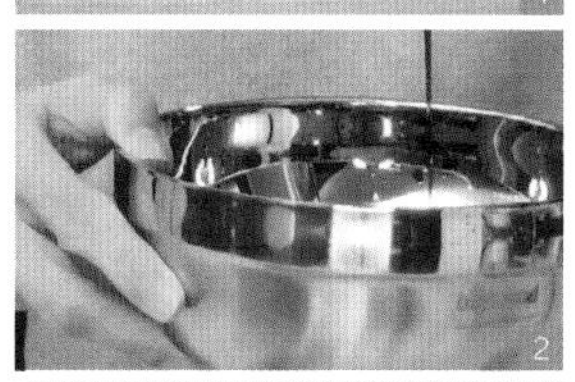
2

3

4

5

6

“莫道春归去，且把春留住”，不知不觉，春天马上就要结束了，让我们一起抓住春天的小尾巴，把新鲜的草莓制作成草莓酱，留住春天的味道吧。不仅制作超级简单，而且健康营养零添加。如果平时工作和我一样比较忙的话，可以多做些不同口味的果酱放在冰箱中，使用起来很方便。草莓酱加上冰块、柠檬片和薄荷叶，就能冲制一杯“曾黎特调草莓饮”；牛油果酱我一般会搭配面包片食用，也可以抹在薯片上当小零食哦！

牛油果酱

主料 牛油果2个 ┆ 洋葱1/2个 ┆ 西红柿1个

配料 柠檬1个 ┆ 海盐1/2茶匙 ┆ 黑胡椒1/2茶匙 ┆ 迷迭香1/2茶匙

做法

❶ 将洋葱焯水后切成丁，焯水可以减淡洋葱的味道；将西红柿切丁。

❷ 牛油果去核、去皮捣成泥状。将西红柿丁、洋葱丁加入牛油果泥中。

❸ 在果泥中挤入柠檬汁，加入海盐、黑胡椒和迷迭香，搅拌均匀即可。

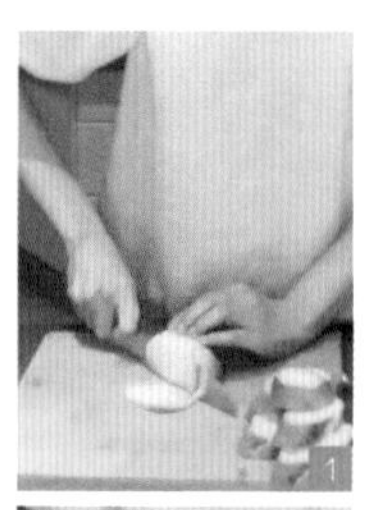

草莓酱

主料 草莓200克

配料 白糖适量 ¦ 柠檬1/2个

曾黎小秘诀

制作果酱时，选用软一点的、成熟的果实，可以缩短熬制时间，且熬出来的汁也更香甜。草莓切成有细有粗的颗粒，这样熬成的酱口感更好，吃起来层次分明。

做法

❶ 将草莓洗净，切成细和粗的颗粒。

❷ 将切好的草莓倒入锅中不断翻拌。

❸ 根据个人口味加入少许白糖，继续用小火熬煮，期间需要不停地翻拌，防止粘锅。

❹ 加入柠檬汁，可以起到提亮颜色和保鲜的作用，最后等完全冷却后放入干净的密封罐保存即可。

樱花养颜气泡水

主料 可食用干樱花10克

配料 零糖雪碧350毫升 ┆ 苏打水350毫升 ┆ 小青柠1个 ┆ 薄荷叶2片

做法

❶ 将可食用干樱花和零糖雪碧混合搅拌后，放入模具，提前冻一晚，就能得到雪碧樱花冰。

❷ 将小青柠洗净后一切为二放入杯中。

❸ 将薄荷叶洗净放入杯中，再放3~4块冻好的雪碧樱花冰到杯中。

❹ 倒入苏打水即可。

1

2

3

4

樱花养颜
啵啵茶冻

春天阳光明媚、四处飘香，非常适合户外活动，在小区散步的时候，才发现不知道什么时候，樱花、玉兰……都已经开了，满园春色给我带来了一些灵感。樱花虽美，可惜花期却非常短暂，不如将它们留在餐桌上，不管是在家喝下午茶还是外出踏青，吃上这一口春天的味道，都会感觉格外清新甜蜜，这两款春季限定作为春夏交接的饮品再合适不过了！

主料 可食用干樱花10克

配料 开水400毫升 | 白凉粉15克 | 洛神花水50毫升 | 椰汁25毫升 | 木薯淀粉120克 | 代糖1茶匙 | 蜂蜜1茶匙

做法

制茶冻

❶ 将400毫升开水倒入模具中，加入白凉粉快速地搅拌均匀，注意不要有小疙瘩。

❷ 倒入洛神花水搅拌均匀，可以让茶冻的颜色更漂亮。

❸ 撒上可食用干樱花瓣后，放入冰箱冷藏2小时定型。

制啵啵

❹ 将椰汁加热后，倒入木薯淀粉中，一边倒一边搅拌，搅拌至黏稠状。

❺ 撒入可食用干樱花瓣，揉搓成小长条。

❻ 将长条揪下来的剂子搓成小圆球。如果喜欢吃有弹性的，可以搓的稍微厚一点；如果想煮的时间短，就可以搓的稍微小一点。

❼ 起锅水烧开后加入啵啵球，煮5~7分钟，煮至半透明状后，捞出过凉水。过凉水可以使啵啵球的口感更有弹性。

摆盘

❽ 将冻好的樱花茶冻拿出切块，摆放在杯中，再放入煮好的啵啵即可。

曾黎小秘诀

加入白凉粉时一定要快速搅拌，就不会有疙疙瘩瘩的气泡，更加美观。喜欢甜口的，可以在热椰汁的时候加入代糖，或摆盘成功后淋上蜂蜜。

“姨妈痛”对于女孩来说，是个绕不过的话题。尤其在冬天，经期更容易手脚冰凉、疼到浑身发抖，甚至想吐。这道养气血的豆浆就特别适合有这方面困扰的女孩，如果能坚持喝一段时间，相信一定会有改善。

除了喝豆浆补气血，我还有几个内调保养的小招数

1. 经常喝补身养气豆浆。但不要在经期喝，需要在平时坚持喝，才能达到保养身体的作用，这样下次月经来袭才不会那么痛。

2. 注意脚下保暖。很多女孩为了显腿细，会故意露出脚踝。其实脚踝着凉是很容易加重痛经的，经期前我都会穿脚踝加厚的袜子保暖或者贴足底暖宝宝。

3. 经期前 7 天，不在清晨洗头。这是我个人坚持的一个小习惯，中医有说法“清晨人的‘气’都聚在头顶。”我觉得清晨洗头容易让这个“气”散掉，所以在月经前期都不会选择早上洗头。如果有条件的话，最好都不要在早上洗头。

希望每个女孩都可以拥有健康强健的好身体，让我们一起远离“姨妈痛”！

补身养气豆浆

主料 红枣5颗 ┆ 黄豆50克 ┆ 红皮花生30克 ┆ 枸杞10克 ┆ 巴旦木10克 ┆ 百合10克

配料 水1000毫升

做法

❶ 准备好材料，黄豆提前一晚泡好（黄豆需要泡8~12小时）。

❷ 将全部材料和水一起放入豆浆机或者破壁机，选择豆浆模式，等待30分钟即可饮用。

1

2

曾黎小秘诀

如果觉得花生打出来有生味，可以提前去皮。红枣补气血，红皮花生健脾养胃，巴旦木等坚果类食物含有丰富的维生素E和优质脂肪，这些食材搭配在一起很容易让人上火，百合的加入，可以起到滋润去火的效果，能很好地平衡各食材。

02

第三章
夏吃瓜

夏天虽然炎热，但我很少吹空调，一般就用扇子扇扇，或者吹电风扇，电风扇吹的时候也不会直接对着人猛吹，而是转动地吹，主要是让电风扇帮助流动一下房间的空气。如果太凉，我反而会受不了，比如从特别热的地方，突然进到很冷的空调房间，毛孔就会突然关闭，体内的暑气就没办法排出去了，长期这样对身体不好。

我也很少吃凉的东西。冰奶茶、饮料、冰棒、冰激凌这些我都不太喜欢。这些冰冰凉凉的东西，当时吃起来很爽，但是吃过之后未必能解渴，而且糖分还高，不如喝白开水健康。

夏天，我一般吃瓜比较多。

小时候特别爱吃红烧冬瓜，妈妈做的红烧冬瓜很好吃，我们也管它叫家常冬瓜。先把冬瓜削皮去籽后，切成3厘米见方的小块，再在小块上切十字刀，这个切法是这道菜好吃的关键。切好后的冬瓜加点酱油、小米辣一起红烧，最后再撒点葱花，非常香。到现在我自己也会这样做着吃。

除了做菜，还可以把冬瓜做成冬瓜茶。冬瓜去皮去籽洗干净，切成块状。在锅内加水煮开后，加入姜片及冬瓜，焖煮约40分钟，熄火后盖上锅盖再闷20分钟即可。夏天喝这个茶具有美白、祛斑、降燥、去水肿的功效。

我还爱吃西瓜皮。有些人可能吃完西瓜，就把西瓜皮扔掉了，其实很浪费。西瓜皮凉拌一下，是非常美味的消暑凉菜。先把西瓜的红瓤都吃完，削去外面的绿皮，留下脆脆的内皮，洗干净切成条，放点盐、糖、醋腌一下，就成了一道可口的凉拌西瓜皮，口感清脆，清凉解暑。

小时候还老吃凉拌西红柿。西红柿切片，放点白砂糖，再放到冰箱里冷藏，一两小时后拿出来，西红柿的汁都被糖给腌出来了，喝起来酸酸甜甜的，满嘴都是维生素C，简直就是人间美味，在夏天吃特别清爽。

夏日讲究苦味养心，苦瓜也非常适合降火消暑。我习惯做凉拌苦瓜，苦瓜洗净后切成片，可以先放点盐腌制10分钟，再用清水洗净，这样可以减少苦瓜的苦味。再加入汆过水的洋葱、木耳丝，淋上少许生抽、辣椒油，吃起来清清爽爽的，非常消暑。还可以做成苦瓜饮，苦瓜洗净切片后，放入性温的红茶中，加一些柠檬和蜂蜜中和苦味，如果觉得不够凉爽，还可以加点冰块，清爽解渴，苦味也不是很突出，口感还不错，夏天热的时候可以试一试。

天热没食欲的时候，总想吃凉拌菜，清凉爽口的黄瓜是一个不错的选择。黄瓜拌腐竹，一口就开胃，是一道夏季常见的小菜。做这道菜时，要准备好水发腐竹、黄瓜、葱丝、姜丝、盐、味精、生抽、花椒油。先将泡发好的腐竹切成2厘米长的段，黄瓜洗净切成薄片。再将腐竹放入盘内，黄瓜放在腐竹上面，摆上葱丝、姜丝，最后放入盐、味精、生抽、花椒油搅拌均匀即成。要注意的是腐竹要先用凉水泡开，拌前再用沸水烫一下，使之回软，这样做出来的腐竹不糟，有咬劲。

绿豆也是夏天的一道“解暑利器”。我喜欢做绿豆汤、绿豆糕。

说到绿豆糕，我虽然也会做，但可能做的口感会差一点，因为家里做的绿豆磨得不如外面的碎，会有一点颗粒感。

绿豆也可以做汤，绿豆先用清水浸泡半小时，再和海带、陈皮一块，加水熬煮2小时即可。这个汤可甜可盐，喜欢甜口的，可以在关火前10分钟放入冰糖，喜欢咸口的，可以关火后加入少许盐调味。

还有一道适合夏季的配饭菜我也想推荐一下，就是剁椒粉丝蒸娃娃菜。这道菜食材简单：娃娃菜、粉丝、剁辣椒、大蒜、生姜、生抽。微辣却不油腻，是道健康减脂的下饭菜。娃娃菜软烂，里边的剁椒拌饭也是超好吃，垫底的粉丝吸收了调料中的所有滋味，更是让人爱不释口。

低脂酸辣粉

夏天到啦，天气越来越热了，特别想吃点酸辣开胃的东西，如果你也跟我一样吃腻了没什么味道的减脂餐，可以试试这道减脂酸辣粉，酸酸辣辣的非常解馋。用海藻晶粉代替红薯粉，热量更低，吃一大碗也没有什么负担。做法也很简单，用调汁代替煮，不会做饭的宝宝们也可以试试。

主料 海藻晶粉100克 ┆ 黄瓜1/2根 ┆ 胡萝卜1/2根 ┆ 紫甘蓝50克 ┆ 豆皮20克

配料 小米辣3根 ┆ 辣椒粉1茶匙 ┆ 橄榄油1汤匙 ┆ 生抽1茶匙 ┆ 白醋1汤匙 ┆ 蜂蜜1茶匙

做法

❶ 黄瓜洗净，去皮切丝；胡萝卜洗净，去皮切丝；紫甘蓝洗净切丝；小米辣洗净切末。

❷ 起锅烧水，水开后下入海藻晶粉，大火煮1分钟就可以捞出，过一遍凉水后，滤干水放入碗中备用。

❸ 豆皮洗净切丝，用热水焯1分钟捞出，和黄瓜丝、胡萝卜丝、紫甘蓝丝一起码到粉丝上。

❹ 另取一小碗，加入小米辣末、辣椒粉、橄榄油、生抽、白醋和蜂蜜，搅拌均匀。

❺ 把调好的酱汁淋在粉上即可食用。

曾黎小秘诀

海藻晶粉用大火煮1分钟即可，煮太久会化。滤干水后可以加入一些橄榄油拌匀，防止粉粘在一起。也可以根据自己喜好选择其他配菜。

健康的身体需要达到酸碱平衡的状态，藜麦恰好是一种营养均衡的碱性食物，而肉则是酸性食物，建议平时吃肉比较多的朋友，可以试试在沙拉里加上藜麦，调节一下身体的酸碱平衡。藜麦的营养价值非常丰富，含有多种氨基酸，以及多种人体正常代谢所需要的维生素。并且蛋白质含量也很高，与牛肉相当，是优秀的蛋白质补充来源。平时我会在沙拉或者煮粥的时候添加一些藜麦。

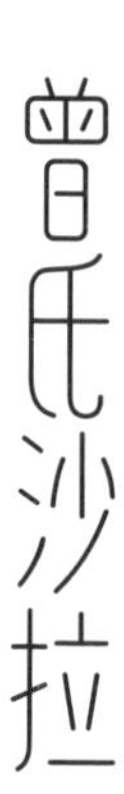

曾氏沙拉

主料 藜麦50克 ┆ 西蓝花100克 ┆ 胡萝卜1/2根 ┆ 牛油果1个 ┆ 圣女果5颗 ┆ 即食玉米粒50克

配料 香油1茶匙 ┆ 醋1汤匙 ┆ 酱油1汤匙 ┆ 柠檬1/2个

做法

❶ 提前将藜麦煮好；西蓝花清洗干净切成小块，焯水后备用。

❷ 将洗干净后的胡萝卜切成丝；牛油果去核去皮切成片；圣女果对半切开。

❸ 将藜麦、西蓝花、胡萝卜丝、牛油果片、圣女果和即食玉米粒一起放入沙拉碗中搅拌均匀。

❹ 另取一小碗，加入香油、醋和酱油搅拌均匀，然后将调好的酱汁均匀地淋在沙拉上。还可以根据个人口味挤入一些柠檬汁。

曾黎小秘诀

很多人减肥吃沙拉的时候，会觉得沙拉酱太过油腻。如果想要减轻身体负担，可以试试我的中国版油醋汁。这样看起来像西式沙拉，但吃起来却是中国的凉拌菜，更适合我这样的中国胃！

减脂黄瓜沙拉

到了夏天就很想吃一些清爽口感的食物，黄瓜是个不错的选择，可以降糖、抗衰老，烹饪起来也很简单。减脂期吃黄瓜沙拉真的是掉秤餐，而且非常适合懒人，几步就可以搞定，简单又好吃。

主料 黄瓜1根

配料 橄榄油1汤匙 ¦ 盐1/2茶匙 ¦ 生抽1茶匙 ¦ 醋1汤匙 ¦ 蜂蜜1茶匙 ¦ 柠檬汁1茶匙

做法

❶ 黄瓜洗净，去皮后切片，放碗中备用。

❷ 碗中倒入橄榄油、盐、生抽、醋、蜂蜜、柠檬汁和水调匀。

❸ 将调好的油醋汁倒入黄瓜里，搅拌均匀即可食用。

1

2

3

曾黎小秘诀

可以替换、添加一些自己喜欢的食材，比如小茴香、欧芹碎、奇亚籽、罗勒叶等，黄瓜的清爽口感与任何食材都可以完美搭配。油醋汁可以边尝边调，根据自己喜好对调料的用量进行增减。

鹰嘴豆泥茄子三明治

我在平时的饮食中会注意多摄取蛋白质，鹰嘴豆就是一种很好的主食替代选择。鹰嘴豆的蛋白质含量很高、膳食纤维的含量也很高，并且拥有丰富的维生素E。适当吃一些，除了可以补充蛋白质，还可以帮助降脂、降糖，在抗氧化、养颜方面的效果也很好，非常适合女生食用。鹰嘴豆泥用来做三明治或者沙拉都是很好的选择哦。

主料 熟鹰嘴豆50克 ┆ 茄子1个 ┆ 西红柿1个 ┆ 面包片2片

配料 橄榄油1汤匙 ┆ 盐1/2茶匙 ┆ 柠檬汁1茶匙

做法

❶ 茄子洗净后去蒂，切成约0.5厘米的薄片，长短符合面包片大小即可；西红柿洗净后也切成约0.5厘米的薄片。

❷ 锅烧热后倒入橄榄油，放入茄子片，中小火煎熟。待煎至两面焦黄时加入盐和柠檬汁。

❸ 将煮熟的鹰嘴豆，用勺子碾压成泥。

❹ 取两片面包片，分别抹上鹰嘴豆泥，再依次铺上煎熟的茄子片和西红柿片。

❺ 将做好的三明治切成三角状即可食用。

曾黎小秘诀

推荐使用长茄子，切的时候不用去皮，保留茄子皮可以让口感更绵软。如果喜欢松软一些的面包片，可以提前在微波炉中加热；喜欢松脆口感的，可以在锅中煎一下。

主料 茄子1/2个 ┆ 西红柿1个 ┆ 米饭150克

配料 食用油15毫升 ┆ 生抽1茶匙 ┆ 盐1/2茶匙 ┆ 白糖1茶匙 ┆ 淀粉1茶匙 ┆ 香油1茶匙 ┆ 番茄酱1茶匙

做法

❶ 茄子洗净去皮，切成滚刀块；西红柿洗净，切成块。

❷ 另取一碗，加入生抽、盐、白糖、淀粉、香油、番茄酱，再加一点点水稀释后搅拌均匀。

❸ 锅中倒油烧热，茄子双面蘸满淀粉后，放入油锅炸至金黄色捞出备用。锅中留少许底油，倒入西红柿，翻炒至西红柿出汁、软烂。

❹ 倒入米饭和炸好的茄子翻炒片刻，倒入调好的酱汁翻拌均匀，再煮约2分钟即可。

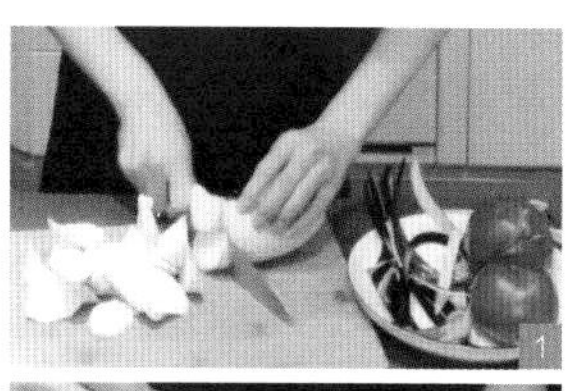
1

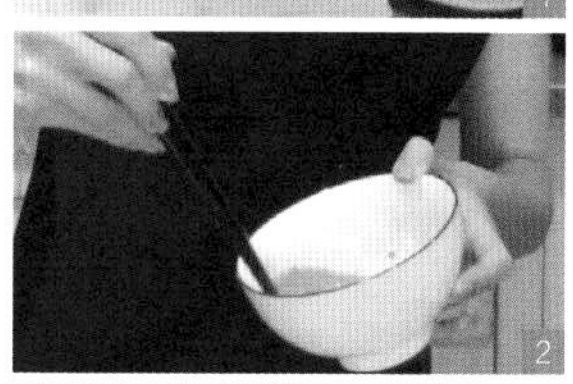
2

3

4

曾黎小秘诀

茄子是一个很吃油的蔬菜，裹上淀粉后再炸，可以避免茄子吸入过多的油，更健康。

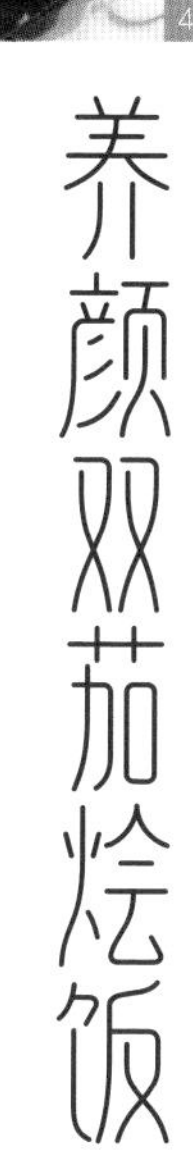

养颜双茄烩饭

茄子和番茄虽然不是瓜类食材，但也很适合夏天食用，番茄含有丰富的维生素C，美容养颜，茄子含有丰富的维生素E和膳食纤维，具有润肠通便、清热解毒、抗衰老的功效。

快手西红柿疙瘩汤

一个人生活，做饭是个考验。太麻烦的菜经常想想就懒得动手，分量把握不好又容易吃不完，沙拉或者凉拌菜虽然简单方便，但吃多了就会想要吃热乎乎的食物。这么多年大部分时间我都是自己住，但是即使生活、工作再忙，也要好好地爱自己、好好地吃饭。做法简单还好吃的菜谱我可攒了不少，西红柿疙瘩汤就是我经常做、也特别喜欢的一道菜。疙瘩汤在我老家湖北又被称为“水上漂”，大概是因为疙瘩下到汤里的时候，是一块块漂在水上的吧。有菜有主食还有汤，一道菜就解决了所有，既有营养又暖呼呼的，赶紧动手试试吧！

主料 西红柿2个┆面粉80克

配料 食用油1汤匙┆生抽1茶匙┆白糖1茶匙┆盐1/2茶匙┆香菜10克┆白胡椒粉1/2茶匙

做法

❶ 西红柿洗净后，用刀在尾巴处划十字。

❷ 烧一锅水，水开后，将西红柿放进去烫一下。烫过后的西红柿能够轻易地把皮去掉。

❸ 香菜洗净后切碎；去皮后的西红柿切成滚刀块，可以稍微切得碎一点。

❹ 锅里倒油，将切好的西红柿放入锅中煸炒，炒出汁后加入生抽、白糖调味，加入热水炖煮一会儿。

❺ 另取一干净的大碗，倒入面粉，加一点盐。一边倒水，一边用筷子快速地搅拌面粉，直到变成面糊状。

❻ 用勺子舀一勺调好的面糊下入西红柿汤中，像是用勺子在汤里面画画的感觉。

❼ 疙瘩在西红柿汤中煮10分钟，期间需要不停地用勺子搅拌，防止粘在一块。

❽ 最后撒上我最喜欢的香菜末就可以关火了，盛到碗里再撒上一点白胡椒提鲜即可。

曾黎小秘诀

西红柿可以不去皮吃，我平时想要吃的比较精细一点的时候就会去皮。做饭的时候，我比较少使用味精、鸡精等调味料，所以会放一点白糖来提鲜。其实疙瘩汤会比米饭、面条更容易消化，低卡又健康，大家快做起来吧！跟着我一起享受这碗黎式疙瘩汤。

西红柿土豆味噌汤

夏天容易苦夏，西红柿酸酸甜甜的，水分又很充足，特别适合夏天食用。西红柿里还含有大量的维生素，可以促进新陈代谢。尤其是维生素C的含量很高，能很好地滋养皮肤，使皮肤更加光滑细嫩。

我在夏天就会常吃西红柿，用它来做汤做菜都很百搭，这道西红柿土豆味噌汤低卡又减脂，汤汁浓郁，做法简单，有主食也有菜，可以当作减脂期的早餐或者午餐食用。

主料 西红柿1个 ┆ 土豆1/2个 ┆ 菠菜2棵

配料 味噌1茶匙

做法

❶ 西红柿洗净，切成小块；土豆洗净去皮，切成小块；菠菜洗净。

❷ 锅中倒水，烧开后放入菠菜，等水再次沸腾后立刻将菠菜捞出。

❸ 起锅烧水，放入土豆，煮至软烂后，捞出几块备用。

❹ 锅里剩下的土豆用锅铲或其他便于操作的工具压成泥，搅拌均匀小火熬成土豆浓汤。

❺ 加入西红柿和味噌，搅拌均匀。

❻ 待西红柿熬煮出汁软烂后，放入菠菜关火闷1分钟即可。

1

2

3

4

5

6

曾黎小秘诀

味噌里有盐，无需再额外加盐；土豆煮至筷子能够戳烂就可以压泥了。汤里还可以放菌菇、豆芽或者自己喜欢的绿叶菜，味道都很适配。

冬瓜薏米排毒汤

薏米和冬瓜这对“黄金搭配”真可谓是强强联合，组合在一起，对于夏日里祛湿清热的效果也是双倍的！排毒又养颜，在食材的原汁原味中就能喝出好气色。

主料 冬瓜100克 ┆ 薏米50克

配料 生姜1片 ┆ 香葱1/2根 ┆ 盐1茶匙

做法

❶ 薏米洗净放入碗中，用清水浸泡2小时至发软；冬瓜去皮洗净，切成约0.5厘米厚的小片；香葱洗净，切成葱末。
❷ 锅中加入冷水，放入提前泡好的薏米，等大火烧开后改小火煮20分钟左右。
❸ 加入切好的冬瓜片，再煮10分钟，加少许盐调味，最后撒上葱末即可出锅。

薏米提前泡好才容易煮得软糯，如果不提前泡开的话，需要中火炖至少2小时以上才行。

清凉八宝饭

说起八宝饭，大家可能更多时候是在冬天的时候吃。冬天吃上一碗热乎乎、甜蜜蜜的八宝饭，心都跟着暖和了。如果夏天也想吃甜甜蜜蜜的八宝饭怎么办呢？可以试试我这道清凉八宝饭，甜甜蜜蜜、冰冰爽爽，可以当作甜点，也可以当作主食。

主料 糯米30克┆水果罐头30克┆葡萄干10克┆山楂片10克┆核桃10克┆黑芝麻10克┆熟红豆10克┆熟蜜豆10克

配料 椰子汁100毫升┆蜂蜜1茶匙

做法

❶ 将提前浸泡的糯米放入锅中蒸25~330分钟。水果罐头盛入小碗中备用。

❷ 蒸好的糯米中加入水果罐头，再依次加入葡萄干、山楂片、核桃、黑芝麻、熟红豆和熟蜜豆。

❸ 倒入椰子汁，还可放点蜂蜜增加口感。

曾黎小秘诀

糯米需要提前一晚上泡好，同时糯米属于凉性食品，注意适量摄入哦。水果罐头也可以用新鲜水果代替，小料也可以加入自己喜欢的各种果干和坚果，比如蔓越莓、腰果、杏仁等。

水晶小粽子

端午节吃粽子是我们流传已久的节日习俗。虽然大家都吃粽子，但是北方和南方在吃粽子这件事情上，还有一些不一样。北方喜欢吃甜口的，南方喜欢吃咸口的，在我老家湖北，我们喜欢吃白粽，蘸点白糖，就觉得是无比的美味了。不管是甜口还是咸口，平时吃的粽子大部分都是糯米做的，这次端午节，我教大家做一个不一样的水晶小粽子，用西米代替糯米，赶紧试试吧。

主料 西米150克 ┆ 红枣8颗 ┆ 黄桃50克 ┆ 蜜豆50克 ┆ 紫薯1个

配料 粽叶4片 ┆ 食用油1汤匙 ┆ 白糖1茶匙

做法

❶ 西米洗净后，加入油和白糖，充分地搅拌均匀。

❷ 将准备好的食材切成小块，尽量切得小一点。这里我准备了四个口味：红枣、黄桃、蜜豆、紫薯。

❸ 买回来的粽叶用开水烫一遍，可以防止粽叶中途开裂。去掉不规则的头尾。

❹ 将粽叶对折，交叉叠成漏斗状。放入西米和自己喜欢的食材。

❺ 将两边剩下的粽叶折过去，盖在西米上，然后再把多余的粽叶往下叠，包裹住整个粽子，可以将多余的粽叶用剪刀剪掉。用绳子系紧后上锅大火蒸熟即可。一定要裹紧，不然煮的中途粽子容易散开。

曾黎小秘诀

西米中加入一点油，可以防止粘连，让粽子吃起来颗粒分明。我个人更喜欢吃咸粽子，大家也可以试试用一些香菇、梅干菜、花生米等做咸粽子。馅料可以是一种食材，也可以是多种食材混合在一起哦。

绿豆糕

主料 绿豆200克

配料 蜂蜜40克 ┆ 食用油40毫升

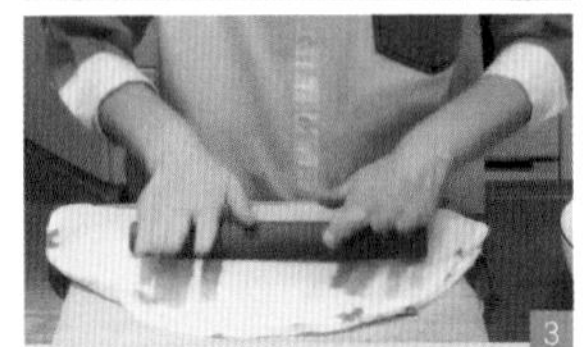

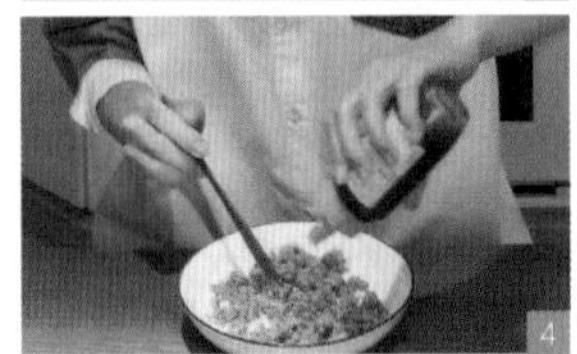

做法

❶ 绿豆提前泡一下，将泡好的绿豆上锅蒸1小时左右，凉了之后一捏就碎即可。

❷ 准备一个纱布，将蒸好的绿豆倒到纱布中间，用纱布盖起来。

❸ 反复用擀面杖碾压，直到将绿豆全部擀碎，装入碟中汇总备用。

❹ 在绿豆泥中加入蜂蜜并搅拌均匀，用刷子蘸取一些食用油均匀地刷在绿豆泥上。

❺ 提前准备一个模具，在模具内刷一层食用油。将调好的绿豆泥放进模具里压紧压实后，放进盘子里，绿豆糕就完成啦。

曾黎小秘诀

等绿豆放凉后，用手一捏就碎，就证明绿豆蒸熟了。不喜欢吃蜂蜜的，也可以用糖浆或者白糖代替。模具里涂一层油，有助于绿豆糕成型。带皮的绿豆糕虽然没有外面卖的那么细腻，但是味道还是挺不错的，而且绿豆皮的营养成分很丰富，清热解毒的功效也主要藏在绿豆皮中，如果去掉皮，“去火”的效果就会打折扣哦。

小米山药栗子红枣粥

现代生活，大家的节奏都很匆忙，很容易忽视早餐。但是对于我而言，早餐是一天中最重要的营养来源了。如果不吃早餐的话，容易引发很多身体疾病，比如胃痛。还会让人的新陈代谢变得缓慢，加速衰老。所以爱漂亮的小仙女们，早餐一定要吃起来哦。

这道小米山药栗子红枣粥就是我经常会在早餐时吃的，夏天好多人都喜欢吃点辣的开胃，但天气炎热容易上火，还是要注意饮食清淡一些，推荐大家可以搭配绿豆糕食用，既补充了不同的营养，也丰富了的口感。

主料 小米30克 ¦ 山药1根 ¦ 栗子3颗 ¦ 红枣3颗

配料 水350毫升

做法

❶ 山药洗净去皮，切成滚刀段。将小米、栗子和红枣清洗干净备用。

❷ 锅中倒水，烧开后放入小米，水烧开后转中小火煮10分钟左右。把山药、栗子一同放到锅里再煮10分钟左右。最后放入红枣煮5分钟即可。

曾黎小秘诀

在清洗小米的时候，注意不要大力地搓揉，这样可能会导致营养成分的流失。只需要用流水冲洗几遍就可以。煮粥的时候，等水开后再倒入食材，这样煮出来的粥既黏稠又好吃。红枣不要太早放进去，煮的时间太长会影响红枣的甜度。

我平时处理山药时会戴一个手套，就能避免山药汁沾在手上，让手很痒。如果因为沾上了山药汁而觉得手很痒，可以把手放在火旁烤一下，手部的瘙痒就能得到缓解。

椰汁芋圆清补凉

清补凉是我在海南吃过的一道特色甜点，喝完后感觉清清凉凉，解暑消积，就想自己尝试一下在家制作。其实清补凉的材料并不统一，有的以健脾去湿为主，有的以润肺为主。我这款适合减脂人士，材料简单，热量低，大家可以在家试试哦。

主料 红豆30克 ┆ 绿豆30克 ┆ 红薯100克 ┆ 芋头100克 ┆ 芒果1个

配料 木薯粉30克 ┆ 椰子汁1瓶

做法

❶ 将红豆、绿豆洗净，浸泡2小时。
❷ 芒果洗净，切成小块，备用。
❸ 锅中放水，将红豆、绿豆倒入，大火煮开后，转中火将它们煮熟烂。放凉后，放入冰箱冷藏。
❹ 红薯、芋头洗净后，去皮切成大片，放锅内蒸约20分钟。
❺ 将蒸熟的红薯放入碗中，用勺子捣成泥，再加入木薯粉搅拌成团。用手将红薯团搓成长条，如果很干的话可以加点水，然后用刀切成小圆子。
❻ 将蒸熟的芋头用同样的方式制成小圆子。
❼ 起锅烧水，水开后把红薯、芋头小圆子放入锅内，煮熟后放凉水中浸泡备用。
❽ 要吃的时候，将准备好的红豆、绿豆放入碗中，再加入薯圆、芋圆、芒果，最后倒入椰子汁即可。

曾黎小秘诀

除了椰子汁，也可以加入红糖水、果汁等。炎炎夏日，也可以尝试加入冰激凌或者冰沙，更加消暑。甜度可以根据个人喜好来添加糖浆。煮熟的芋圆过冰水后会变得特别有弹性。

夏天的时候，常会觉得喝凉白开太寡淡，但喝饮料又害怕发胖，这时不妨试试水果茶，口味清新，而且不同的水果还有不同的功效，消脂减肥，改善皮肤，美容养颜，是我在夏天会经常喝的自然饮品。

曾黎小秘诀

生冷的水果多偏寒凉，过量食用可能会引起肠胃不适。如果大家平时肠胃脆弱，可用干果机将水果制成果干后食用。挑选水果时，应该尽量选择当季的水果，避免挑选太“完美”的水果，我不喜欢那种过于好看的水果，好像开了美颜一样，不真实。只有自然生长的水果，才能拥有风吹日晒后的痕迹。

轻体水果茶

主料 西柚1个 ¦ 橙子1个 ¦ 柠檬1个 ¦ 猕猴桃1个 ¦ 草莓5颗

配料 清水

做法

❶ 将水果洗净后切成片。

❷ 把西柚、橙子、柠檬、猕猴桃、草莓均匀地摆放在5个盘子中，按照大小从下至上依次放入干果机里。

❸ 用60℃烘烤8小时。烘干后的果干可以在干净密封的罐子中保存2~3个月。

❹ 想喝的时候，可以根据心情挑选不同的果干放入茶壶中，加入适量清水，用水果茶的模式烹煮一会儿即可。

1

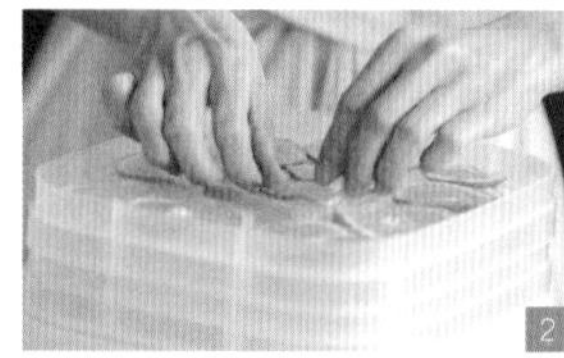

2

3

4

第四章 秋吃果

秋天是万物丰收的季节，也是我们接受大自然馈赠，品尝硕果的时候。所以秋季适合吃果实。这时候上市的水果也比较多，苹果、梨、葡萄、柿子等，这些水果果实饱满、口感鲜美，富含多种维生素和矿物质，是秋季进补的好食材。尤其是梨子，可以清肺润燥，在北方干燥的秋季可以多吃。梨子可以洗干净直接吃，也可以和银耳、红枣或是金橘一起炖煮，这样滋润的效果更佳。之前我在贵州拍戏的时候，几乎每天都会喝苹果梨汤，苹果和梨也是一组很好的搭档。

南瓜，也是我在秋冬季节经常吃的食材。清蒸、煲汤或是和黄豆一起做成豆浆都是很好的进补食品。

秋季可以多喝汤粥，给身体更多滋润。平时我煮粥的时候，喜欢放点藜麦进去。藜麦中含有较为全面的营养成分，包括多种氨基酸、维生素等，是比较有营养的一种食材。大家可以多吃种子类食物。种子蕴含着生命最初的能量，那是一种可以破土而发的力量。多吃些这种东西，对身体非常有好处。

秋天天气比较干燥，多喝杏仁露也很滋润。杏仁露有丰富的蛋白质，多种维生素和营养物质，具有润肺、调节血脂、降低胆固醇的功效，而且对皮肤也很有好处，能促进皮肤的红润光洁。

秋天还是吃茄子的好时节，俗话说："立夏栽茄子，立秋吃茄子"，茄子是为数不多的紫色蔬菜之一，紫色蔬菜含有比其他蔬菜更丰富的花青素，而花青素又具有抗氧化的作用。茄子作为秋天的时令蔬菜，不仅口感鲜嫩，还可以去除秋燥。茄子的吃法也很多样，有的人喜欢烤着吃，拌上辣椒酱，有的人喜欢烧茄子，更加软糯入味。烧茄子的做法也很简单，将茄子切成滚刀块，葱切成丝，姜切成丝，蒜用刀拍一下，锅放火上倒油烧热，茄子挂糊后炸成金黄色，捞出备用。锅内留少许底油，下入葱丝、姜丝、蒜粒爆香味，下入茄子，依次下入盐、味精、酱油、胡椒粉和一点点白糖，下入半碗水焖煮一会儿，待茄子烧软就成了香喷喷的烧茄子。

"秋吃花生能养生！"秋天一到，地里的花生也成熟了，扎根到土壤里的植物焕发着顽强的生命力。花生被誉为"秋季第一坚果""长寿果""血管清洁工"，能滋养补益，对心脏有好处，还有促进骨骼发育、补气血、健脑益智等作用。多吃坚果对儿童的成长发育也有很大的好处。

在诸多吃法中，以煮为最佳。水煮花生是最简单、科学的吃法，能最大程度保护营养成分不流失，且味道鲜美，能令人更好地品尝到花生自身浓郁的香味。煮花生的原料很简单，就是花生、桂皮、八角、盐。把花生倒进锅里，加入适量清水，放1块桂皮、几个八角，喜欢口味重的，还可以放点别的香辛料。再放点盐，煮20分钟，煮熟后不要马上开锅盖，关火后闷半小时再揭锅盖。最后把花生捞出来，控水，就可以吃了。剩下的花生可以继续泡在汁里面，泡的时间越长越入味。

做法虽然简单，但是要煮得入味还是有小窍门的，只要掌握，就可以在短时间内做出很入味的煮花生。其关键技巧就在于，煮之前先用拇指和食指轻轻按一下花生前面的那头，花生壳就裂开了一个小口子，这样煮的时候不仅节约时间，而且汤汁的味道很容易进到里面去。

低卡花生酱

花生酱是我改变饮食结构以来，居家拍戏必备的一款酱。在天气越来越冷的秋冬，绝对是起床“困难户”的早餐福音！早上起床，切一片面包，抹上花生酱，放一些水果，膳食纤维就非常丰富了。这道无油、无糖颗粒版花生酱绝对是减脂期优质脂肪的首选。平时我就喜欢吃植物本身的自然味道，所以这次的酱依旧配料比脸还干净，做法也很简单，厨房小白闭眼能做。

主料 红衣熟花生仁500克

配料 海盐1茶匙 ┆ 亚麻籽20克

做法

❶ 选40~50克花生仁去掉红色外衣，用破壁机打碎，盛出备用。根据自己的口感，喜欢颗粒感的，打的稍微粗一些，喜欢细腻点的，可以打细一些。

❷ 将剩余的花生，全部倒入破壁机中打碎。功率不够大的机器可以分两次打。

❸ 花生搅打的过程中需要时不时地暂停，用勺子搅拌一下，同时还可以添加海盐和亚麻籽。

❹ 将搅打好的花生酱装进密封罐，把之前打好的花生碎放进去，搅拌均匀即可。

❺ 做好后的花生酱可用于制作三明治或拌面。

曾黎小秘诀

红衣花生的外衣富含花青素，是帮助女生补血养气的好东西，打花生酱的时候记得一定要保留一部分外衣，不要轻易扔掉。做好的花生酱，记得放冰箱保存，防止油酱分离，注意尽量在2个月内吃完。

开胃酸甜藕碎

俗话说得好："荷莲一身宝，秋藕最补人"。每年的秋天，正是吃莲藕的好季节，莲藕可以帮助我们调节肠胃、促进消化，在忙着"贴秋膘"的时候，也要注意肠胃健康，不如来一道酸甜爽脆的酸甜藕碎帮助减轻肠胃负担吧。简单又快手，吃起来没有丝毫油腻的感觉。

主料 莲藕1节 ┆ 生菜叶2片 ┆ 红椒1/2个

配料 食用油1汤匙 ┆ 盐1茶匙 ┆ 白糖1汤匙 ┆ 醋1汤匙 ┆ 白芝麻1茶匙

做法

❶ 生菜叶洗净，放入盘中备用。

❷ 红椒去蒂去籽，切成碎粒；莲藕洗净去皮，切成块后用刀拍碎，再切成细碎粒。

❸ 起锅烧油，倒入藕碎，快速翻炒至断生，加盐后继续翻炒至熟。

❹ 锅中加入红椒，倒入白糖和醋快速翻炒。如果稠度合适即可关火；如果太稀，则用小火慢慢收干。

❺ 盛出后放在生菜上，撒上白芝麻即可。

曾黎小秘诀

在我们老家，莲藕有不同品种，有的藕比较粉，适合煲汤，有的藕比较脆，适合清炒或凉拌。脆藕一般外表比较光滑，颜色偏白，体形修长，大家做的时候，可不要选错莲藕品种了哦。藕碎炒的时候不要炒太久，否则会影响爽脆的口感。

莲藕花生补血汤

“女子三日不断藕”是自古以来的保养之道，藕能补脾益胃，补五脏之阴。莲藕的做法很多，可清炒、可凉拌、可煲汤。煲汤的时候放一点红衣花生，还可以滋补气血，粉粉糯糯，入口即化，是一道非常适合女生补血养颜的汤品。

主料 莲藕1节 ┆ 花生仁50克

配料 盐1茶匙

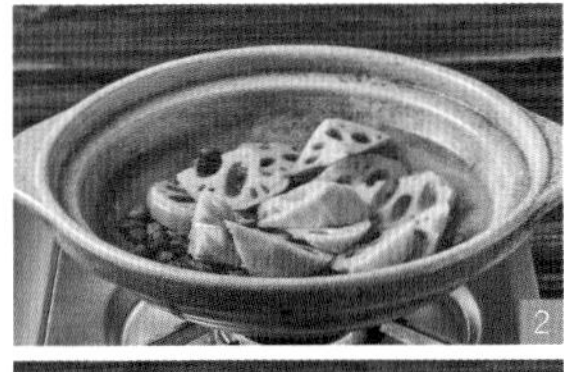

做法

❶ 莲藕洗净去皮，切大块；花生仁洗净。

❷ 砂锅内倒入清水，放入莲藕块和花生仁。

❸ 大火烧开后，转小火焖煮40分钟。

❹ 起锅前加盐调味，搅拌均匀即可。

曾黎小秘诀

适合煲汤的藕，需要选用粉藕。粉藕的外表一般比较粗糙，多呈黄褐色，带有黑点，外形矮矮胖胖，削皮后看起来粉粉嫩嫩的。喜欢喝甜一点的，可以试试放一点荸荠一起煲。

开胃藕夹

经常会有人问我老家有什么好吃的特色菜，藕夹就是我很喜欢的一道湖北特色菜。传统藕夹是用莲藕和猪肉制成，我这道藕夹是用土豆和莲藕制成的蔬菜藕夹，一样的酥软香脆，大家不妨试试。

主料 土豆3个 ┆ 莲藕1节

配料 食用油适量 ┆ 盐1茶匙 ┆ 黑胡椒1/2茶匙 ┆ 面粉50克

做法

❶ 土豆洗净剥皮后切成厚片，隔水蒸20分钟左右。用勺子把蒸熟的土豆碾碎，加入盐、黑胡椒调匀。

❷ 莲藕洗净削皮后切成厚片，然后在厚片中间再切一刀，注意这次不要切断，做成藕夹。

❸ 将做好的土豆泥填入藕夹中，填好后，将藕夹放入干面粉中，两边沾一下。

❹ 锅里倒油，烧至七八成热时，放入藕夹炸，炸到双面金黄即可捞出。

曾黎小秘诀

可根据口味用酱油、醋等调制酱汁蘸着吃。喜欢吃西餐的朋友，也可以挤上一点番茄酱，别有一番滋味。

减脂芦笋炒山药

芦笋是春秋季节的蔬菜，也是蔬菜界的百搭菜品，爆炒、水煮、香煎怎么做都可以。而且芦笋里含有丰富的硒元素和叶酸，它的亚油酸和膳食纤维更是减脂利器。这次搭配着铁棍山药一起炒，只需加一点盐调味，3分钟就能搞定，光是清爽脆甜的口感就能让我分分钟光盘！关键是吃完一盘也不长肉，减脂期吃起来，心里没负担。

主料 芦笋200克 ┆ 铁棍山药1根

配料 食用油10克 ┆ 盐1/2茶匙 ┆ 生抽1茶匙

做法

❶ 芦笋洗净后，去除较老的根部，切成长度差不多的段备用。

❷ 铁棍山药去皮，切成段，放入锅里，放一点盐和油，稍微炒一下，盛出备用。

❸ 锅烧到八成热，倒油，加入芦笋和煸炒过的山药一起翻炒。

❹ 放少许盐、生抽调味，继续翻炒3分钟就能出锅。

曾黎小秘诀

挑选芦笋的诀窍在于：上下粗细均匀、花头的花苞没有开、底部颜色不发黄，这样就是比较新鲜、细嫩的芦笋。山药和芦笋是可以生吃的，山药也可以不用先炒，直接和芦笋一起炒，保留山药生脆的口感。炒的时候也可以根据个人口味加入黑胡椒，别有风味。

补充能量 豆腐排

之前在一家餐厅吃了汉堡包，非常好吃，给我留下了深刻的印象。回家后我就尝试用豆腐、杏鲍菇等还原里面的蔬菜排，没想到很成功。有时候换一种做法、加入适当的调料，就能做出不一样的风味。煎好的豆腐排可以单独食用，也可以和面包、西红柿、黄瓜等蔬菜做成汉堡包食用。

主料 北豆腐1块 ┆ 杏鲍菇1个 ┆ 胡萝卜1/2根 ┆ 干香菇5个 ┆ 小葱4根

配料 食用油20克 ┆ 生抽1茶匙 ┆ 白糖1/2茶匙 ┆ 盐1茶匙 ┆ 面粉50克

做法

❶ 提前将干香菇泡发，然后切成碎末；将洗净后的杏鲍菇、胡萝卜和小葱切成碎末。

❷ 锅里倒油，烧热后依次放入切好的杏鲍菇、胡萝卜和干香菇，再加入生抽、白糖、盐翻炒均匀，最后起锅前加入葱末炒匀，备用。

❸ 另取一碗，放入北豆腐，用手捏碎后，加入面粉揉均匀。

❹ 将炒好的食材全部倒入豆腐碗中，用筷子顺着一个方向搅拌均匀。

❺ 用手将豆腐泥捏成饼状并定形。

❻ 另取一锅倒油，烧热后放入捏好的豆腐排，小火煎至双面金黄即可。

曾黎小秘诀

杏鲍菇营养价值很高，里面含有蛋白质和多种微量元素。而大豆中的大豆蛋白营养价值与动物蛋白相仿，也接近人体氨基酸组成，更容易被人体吸收，女性可以多吃富含大豆蛋白的食材。豆制品中的大豆异黄酮又被称为“植物雌激素”，可以影响女性体内雌激素的分泌等，延缓衰老，对女性十分友好哦。

低脂美颜豆腐饭

无米豆腐饭也是我减脂期常吃的菜，不仅食材少、做得快、营养价值高，而且味道也好。

主料 北豆腐1块 ┆ 胡萝卜1/2根 ┆ 西蓝花100克

配料 食用油10克 ┆ 蒜末10克 ┆ 生抽1茶匙 ┆ 盐1茶匙 ┆ 海苔碎10克 ┆ 黑芝麻10克

做法

❶ 将北豆腐切块；胡萝卜洗净后切丁；西蓝花洗净后，掰成小块。

❷ 锅里倒水，烧热后将北豆腐块、西蓝花块放进去焯一下捞出，将北豆腐捣碎备用。

❸ 另取一锅倒油，烧热后放入蒜末爆香，然后加入胡萝卜丁、西蓝花块和捣碎的豆腐。

❹ 加入生抽和盐翻炒5分钟，盛入碗中加入海苔碎和黑芝麻就可以开吃了。

曾黎小秘诀

为了降低豆腐的豆腥味，豆腐可以先切块焯水。

五色藜麦减脂饭菜包

听说你们都很好奇，在剧组的时候我都吃什么。进组后我会做一些简单又营养的饭菜，如果吃太油，我担心皮肤会出现小问题，影响工作状态。这一道五色藜麦饭菜包就是我在剧组经常吃的，低卡低脂，具有很强的饱腹感，藜麦还含有丰富的蛋白质，经常吃可以增强免疫力，让气血更充盈。有时我也会用天贝来代替豆干，大家可能对天贝比较陌生，其实它是一种营养丰富的发酵类豆制品。

主料 生菜1棵┆三色藜麦100克┆豌豆20克┆玉米粒20克┆豆干20克

配料 食用油1汤匙┆寿司醋1汤匙┆酱油1茶匙┆盐1/2茶匙┆腐乳1/2茶匙

做法

❶ 将三色藜麦洗净，用水浸泡2小时。豌豆洗净剥好，玉米粒洗净，生菜择叶洗净备用。
❷ 锅中加冷水，放入藜麦煮1小时左右。
❸ 将豌豆、玉米煮熟，和煮熟的藜麦一起做成五色藜麦饭备用。
❹ 豆干洗净后，切成约1厘米的小粒。
❺ 锅中倒油烧热，倒入豆干，煎出香味后，加盐炒匀。煎至四面金黄后，放一点酱油炒匀，就可以出锅了。
❻ 在煮好的五色藜麦饭中，加入酱油和寿司醋一起搅拌均匀。
❼ 取一片生菜叶，将调好的藜麦饭平铺在生菜叶中，再放入一点煎好的豆干。腐乳加水，化成酱汁，涂抹在藜麦饭和生菜叶四周，将生菜叶对叠，兜住所有食材，即可食用。

曾黎小秘诀

藜麦比普通大米更吸水，煮藜麦饭的时候，放的水比平时煮饭多一些，多50~100毫升，能让藜麦饭的口感更松软。吃不完的饭可以用保鲜膜包起来存放在冰箱保鲜层，随时吃随时拿出来加热，非常方便。

抗氧化菌菇鲜汤

俗话说"冬吃萝卜夏吃姜，一年四季喝菌汤"。可见菌汤对人的益处有多大，菌类中富含人体所需多种氨基酸，营养价值很高。而且菌类还有提鲜的作用。喝了我的汤，鲜掉你的眉毛。

曾黎小秘诀

菌菇因为其外形特征，不太容易清洗干净，太过用力搓洗又容易损伤菌菇。在清洗菌菇前，备一盆净水，在水里放点食盐，搅拌一下使其溶化。然后，将菌菇放入盐水里浸泡10分钟左右，再用流动的清水冲洗干净即可。

主料 平菇、白玉菇、金针菇、茶树菇共50克┆虫草花10克

配料 食用油10克┆姜2片┆盐1茶匙┆葱末8克┆香菜末8克

做法

❶ 将各种菌菇清洗干净，然后撕成想要的形状。

❷ 锅烧热后倒油，把姜片放进去煸香，然后倒入各种菌菇翻炒一下。

❸ 炒至菌菇出水变软后，倒入清水，盖上盖子，炖煮40分钟左右。

❹ 出锅前放入适量的盐，撒上香菜末和葱末就完成了。

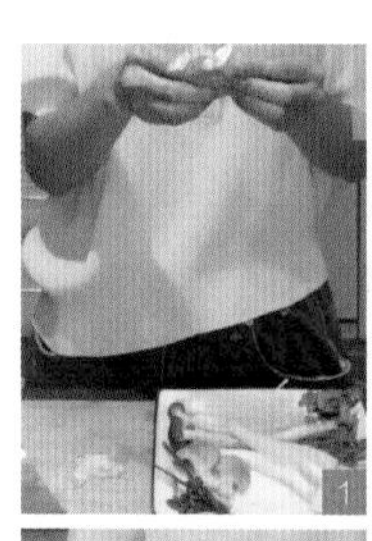
1

2

3

4

减脂南瓜蒸千张

秋天气候干燥，多补充维生素A和维生素E，可以增强人体免疫力，对改善秋燥症状有很大的帮助。而南瓜就含有丰富的维生素E和维生素A，且老少皆宜，经济又实惠。今天就来一道低糖低脂，口感和糖炒栗子一样好吃的南瓜蒸千张！贝贝南瓜非常甜糯，是可以连皮一起吃的哦。千张是以大豆为原材料制成的片状食物，含有对人体来说非常优质的蛋白质，和南瓜搭配食用，热量十分低，减脂期也可以放心吃。

主料 贝贝南瓜1个 ┆ 千张1片

配料 盐1/2茶匙

做法

❶ 千张洗净切丝，在盘子内铺开一层，加入盐调味，淋少许清水拌匀。
❷ 贝贝南瓜洗净，去籽后沿南瓜纹路切开，放在已铺好千张的盘子里。
❸ 蒸锅内倒入清水，放入南瓜千张，水开后中大火蒸15分钟即可。

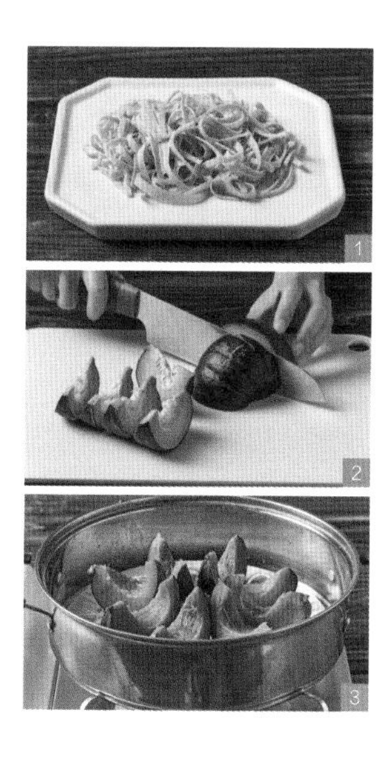

曾黎小秘诀

南瓜品种的选择很重要，与普通南瓜相比，贝贝南瓜的甜度更高，口感更加软糯、细腻、香甜。既有新鲜板栗的清香，又有如巧克力般的香滑。虽然甜度比普通南瓜更高，但贝贝南瓜是以优质木糖醇为主，普通南瓜则以果糖为主，所以并不会对人体产生不良影响。如果在蒸之前发现瓜太硬切不动，一定不要硬切，注意安全，可以选择先将整个南瓜蒸熟后再按纹路切好。

南瓜板栗消肿豆浆

主料 南瓜200克 ¦ 板栗5~6颗 ¦ 黄豆20克

配料 冰糖1~2块 ¦ 桂花10克 ¦ 水400~600毫升

做法

❶ 准备好食材，黄豆前一天晚泡好，需要浸泡8~12小时。

❷ 将去皮洗净切碎后的南瓜、板栗和黄豆一起放进豆浆机或破壁机里，加上水、冰糖和桂花，选择豆浆模式。30分钟后，一杯黄澄澄、香乎乎的豆浆就好了。

曾黎小秘诀

南瓜别放多，不然容易变成南瓜糊糊。添加了南瓜和板栗的豆浆，比纯豆浆喝起来更顺滑，还没有豆腥味。

在拍夜戏的时候，总免不了熬夜，一熬夜就会担心第二天脸色蜡黄，影响工作，这时候我就会来上这么一杯暖乎乎的豆浆，调理身心。如果你们也需要经常熬夜，或者三餐不规律，都可以试试这款南瓜板栗豆浆。南瓜、板栗都是调理脾胃的好食材，早上吃板栗还可以帮助消除水肿。脾胃调理好了，脸蛋也会变得粉粉嫩嫩。

美白山药南瓜丸子

入秋正是吃南瓜的好时节，今天就给大家安排一个“秋天的第一道甜品”——山药南瓜丸子。口感绵密细滑，香甜软腻的南瓜糊和具有弹性的山药小丸子搭配在一起，不仅美味，而且很有营养哦。

主料 贝贝南瓜1个 ┆ 山药50克

配料 白糖1茶匙 ┆ 玉米淀粉10克

做法

❶ 贝贝南瓜洗净，去皮切块；山药洗净，去皮切成小段。
❷ 把南瓜和山药一起放入蒸锅内蒸熟。
❸ 趁热取出山药，加入白糖压成泥。
❹ 稍微放凉后倒入玉米淀粉，揉成光滑的面团后，再揉搓成一个个的小丸子。
❺ 锅中烧水，水开后倒入山药小丸子，煮至全部浮起时立刻捞出，备用。
❻ 将煮熟的南瓜放入破壁机中，搅打成细腻的南瓜糊。
❼ 把煮熟的山药小丸子放入南瓜糊中即可食用。

曾黎小秘诀

处理山药皮的时候最好戴上一次性手套；也可以将山药洗净后直接上锅蒸，蒸熟后再去皮。山药和南瓜都是蒸到用筷子戳，能戳进去就可以了。

玉米马蹄甘蔗润肺水

每到秋冬换季天气干燥时，我都会在家煮好大一杯玉米马蹄甘蔗水。马蹄润肺生津，甘蔗滋阴润燥，玉米水更能泻火祛湿热，干燥时期来一杯，好喝还养生，经常熬夜，肝火旺的人也同样适用。

主料 玉米1根 ¦ 荸荠4个 ¦ 甘蔗1/2根

配料 枸杞10克

做法

❶ 玉米洗净，去掉外衣和须，切成约2厘米左右的小段。

❷ 荸荠洗净去皮后，切成小块。可以略微切得小一点，这样味道会释放得更彻底。

❸ 甘蔗去皮去节后，先切成约5厘米长的段，再竖着切十字刀备用。

❹ 将切好的食材依次放入养生壶中，加水没过食材，养生壶选择药膳模式煮90分钟。

❺ 还剩5分钟时加入枸杞即可。

曾黎小秘诀

想要玉米味道浓一点则多放玉米，想要清火解热则多放一些荸荠。用不完的食材还可以继续留下来煲汤。

北方的秋冬特别干燥，很容易生肺火，更容易感冒和嗓子不舒服，这时候我推荐大家喝这个金橘雪梨润肺汤。雪梨和金橘都是秋冬的应季水果，雪梨有润肺清燥、止咳化痰、养血生肌的作用，金橘则富含维生素C，两者搭配食用，效果更佳。

曾黎小秘诀

雪梨本身就有很多水分，煮的时候不用加太多水，差不多没过食材就可以。雪梨的外皮比较粗糙，去皮后熬煮的汤会更顺滑，也可以不去皮。雪梨的核需要用刀剔除，不然容易上火。

金橘雪梨润肺汤

主料 雪梨1个 ¦ 金橘6个

配料 红枣4颗 ¦ 枸杞10克 ¦ 百合10克 ¦ 冰糖10克

做法

❶ 雪梨洗净去皮、去核后，切成大块放入锅中。

❷ 金橘洗净后，十字刀切开后放入锅中。

❸ 百合洗净后放入锅中，红枣洗净后去核放入锅中，加入冰糖和烧好的开水。

❹ 先用大火烧开，再转小火盖上盖继续焖煮30分钟左右，最后加入枸杞即可。

1

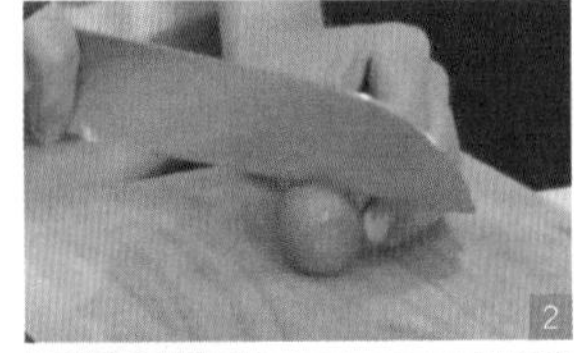

2

3

4

第五章
冬吃根

冬季是根茎类蔬菜大量上市的季节。冬天，我一般吃根茎类蔬菜较多，如红薯、山药、芋头等。

红薯我觉得烤着吃比较香。在冬天特别冷的时候，捧着一个刚出炉的烤红薯，看着红薯皮上流淌的糖汁，感觉整个人都暖和了。山药就多用来炖汤，有时也会蒸着当成主食吃。我还喜欢吃芋头。芋头是一种碱性食物，营养丰富，具有增强免疫力、洁齿防龋、解毒防癌、美容乌发、补中益气等功效。芋头其实有挺多种做法，可以蒸着吃，可以烧着吃，也可以把它切片后炸一炸，做成芋头片也是别有一番风味。像潮汕地区的反沙芋头我也很喜欢吃。我小时候在湖北经常吃那种小芋头，都是做成红烧芋头或者剁椒芋头，也很鲜美。

“冬吃萝卜”。自古就有“萝卜上市，郎中下市”的说法。入了秋，萝卜就能吃起来了，所谓“秋后的萝卜赛人参”嘛。

白萝卜可以红烧。把白萝卜切成滚刀块，然后用水煮一会儿，待白萝卜煮得差不多有点半透明了，再放点糖、生抽炒匀，最后放点大蒜叶，非常下饭。炒胡萝卜丝也是我非常喜爱的一道菜，胡萝卜切成丝和大蒜叶一起放点盐清炒，吃起来就甜丝丝的，能吃到胡萝卜的本味。

菜薹也是我想给大家推荐的冬季美食。小时候不像现在，一年四季都有绿叶菜吃。那时候我在湖北，冬天最常吃的绿叶菜就是菜薹了。菜薹有白菜薹、红菜薹两种，红菜薹色泽紫红，花色金黄，因为菜薹花中含有一定的苦味成分，所以带花的红菜薹吃起来清甜中带有微微苦味。红菜薹比较有嚼劲，我一般会把它做成酸辣菜薹。

冬天有着我们中国人最重要的节日——春节。中国人对春节的重视从“吃”上就能窥见一二，有首民谣唱得好“小孩小孩你别馋，过了腊八就是年。腊八粥，喝几天，沥沥拉拉二十三。二十三糖瓜粘，二十四扫房子，二十五做豆腐，二十六煮煮肉，二十七杀年鸡，二十八把面发，二十九蒸馒头，三十晚上玩一宿，大年初一扭一扭。”小时候对过年的记忆就是，爸爸妈妈很早就开始为过年准备年货了，一家人一起做鱼丸。

过年的时候，我们老家还会炕糍粑。生炭炉，拿个架子，把糍粑放在上边烤，烤完了蘸点白糖就可以吃了。炭火香裹着糍粑的米香，甜甜糯糯特别好吃！年糕也是过年必吃的，最普通的吃法就是切成片，放点白糖，在水里煮一煮，也可以用油煎着吃。

年糕、糍粑、汤圆……可见我是一个很爱吃糯米类食物的人，我的妈妈、妹妹也都很爱吃这些。

我们还会自己动手做没有馅的小汤圆，就是用糯米粉和水，没有任何添加剂，揉成面团，两手一搓，搓成细长的条。煮汤圆的时候，可以加上点甜酒、红糖、枸杞，等水烧开后，拿着细长的糯米条，用手扯出一个个小面团下到锅里，就成了甜酒汤圆。吃起来香甜又软糯，里面的汤汁浓郁、好喝。北方管这叫醪糟汤圆，也叫酒酿圆子，可以滋阴补肾，促进血液循环，增强御寒能力。冬天在家煮上一碗，胃里心里都是暖洋洋的。

有一次我去逛市场，遇到有人在卖甜酒，当时我看他有点像南方人，就与他攀谈起来，问他是哪儿的人，他说是湖南人。他身边摆着好几大箱子的甜酒，有青稞、燕麦做的，也有桂花口味的，我寻思湖南湖北口味接近，就买了一瓶原味甜酒，就是最原始的大米做的那种，非常好吃，有着浓郁的米酒香味。

小时候我也经常看我妈妈自己酿甜酒，那个时候经济没那么好，自己做的成本低，我和妹妹在旁边看着也都学会了，像我妹妹现在去英国都会带点酒曲去，想吃的时候就自己做，因为在那边更难买到正宗的甜酒。

面窝

丰富的早餐，可以让一天的状态都格外饱满。每座城市的早餐摊，便是当地最美的人间烟火味。在湖北我们称吃早饭为“过早”，很多人都听说过武汉的过早文化，尤其是热干面，但其实武汉的早餐可不止有热干面，这道面窝，是用大米、黄豆混合磨成的米浆做成的，也是湖北人很喜欢的早餐。有的人喜欢吃厚的、松软口感的，有的人喜欢吃薄的、酥脆口感的。猜猜我喜欢什么口感呢？豆浆加上面碗，一起去过早!

主料 大米50克┆黄豆50克

配料 食用油适量┆小葱2根┆榨菜15克┆芝麻10克

做法

❶ 提前将大米和黄豆浸泡6~8小时，再用搅拌机按1：1的比例榨成糊状。

❷ 将小葱洗净切成末，榨菜洗净切成末，加入面糊中搅拌均匀。

❸ 锅内倒油烧热，并将锅铲沾满油防粘。

❹ 舀一勺面糊，铺平在锅铲上，并在面糊中间挖一个小洞当作透气孔。

❺ 放入油锅中炸至一面金黄，翻面至锅中，快熟的时候撒一些芝麻在上面，即可。

曾黎小秘诀

要将大米浸泡到很软，用手能捏碎的程度。葱末、榨菜末放入面糊中可以解腻。

减脂白菜炖粉条

冬天必备的蔬菜，自然非鲜甜脆口的大白菜莫属了。民间有“鱼生火，肉生痰，白菜豆腐保平安”的说法。在以前物资没有那么丰富的时候，大白菜是北方过年的“当家菜”，每年入冬前家家户户都会储存大白菜，能一直吃到开春。大白菜的吃法很多，最常见的就是搭配粉条，做成酸酸辣辣的口味，这就是最常见的家常菜白菜炖粉条。一口下去热乎乎的，驱寒暖胃，吃出满满的幸福感，是一道年味很重的菜。

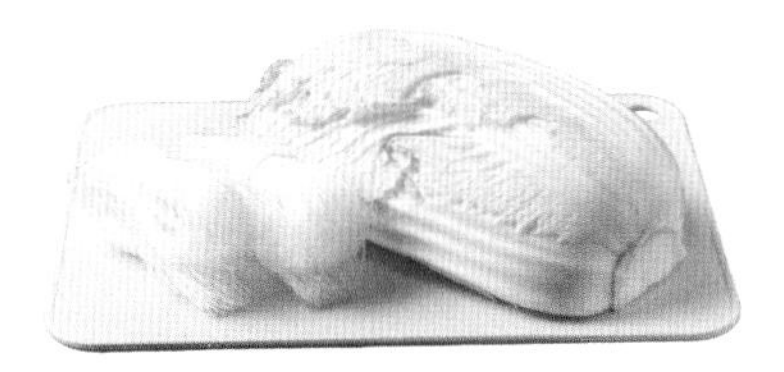

主料 大白菜5片┆粉丝50克

配料 生姜5克┆大蒜10克┆小葱10克┆食用油1汤匙┆生抽1/2茶匙┆老抽1/2茶匙┆盐1/2茶匙

曾黎小秘诀

如果时间短，粉丝也可以用开水泡开。喜欢吃辣的还可以在煸香时加入些小米辣。

做法

❶ 粉丝用清水提前泡开。

❷ 大白菜洗净切成段。

❸ 小葱洗净，切成葱末；大蒜去皮切成末；生姜去皮切成片备用。

❹ 锅内倒油，烧热后下入姜片、葱末和蒜末炒香。

❺ 放入白菜快速翻炒至断生，加入生抽、老抽继续翻炒均匀。

❻ 倒入清水，下粉条后加盐调味，盖上锅盖收汁，煮开后5分钟即可出锅。

胡萝卜炖土豆

到了冬季冰天雪地的时候，最想吃的就是一道热乎乎的菜，爱吃土豆的千万不要错过这道简单易做的家常菜胡萝卜炖土豆。土豆富含碳水化合物和膳食纤维，能提供人体所需能量，从营养角度来看，土豆比大米、面粉具有更多的优点，其中营养成分比较全面，营养结构也较合理，具有补充营养、养胃、宽肠通便、利水消肿的功效。减脂期可代替米饭面条作主食。

主料 胡萝卜1根┆土豆1个

配料 姜1片┆蒜末10克┆小葱1/2根┆食用油1汤匙┆生抽1/2茶匙┆老抽1/2茶匙┆黄豆酱1/2茶匙┆豆瓣酱1/2茶匙┆淀粉1茶匙

做法

❶ 胡萝卜洗净，去皮切成小块；土豆洗净，去皮切成小块；小葱洗净，切成葱末备用。

❷ 另取一碗，碗中加入生抽、老抽、黄豆酱、豆瓣酱和淀粉，加水搅拌均匀。

❸ 锅中放水，水开后下入土豆块和胡萝卜块，煮5分钟后捞出。

❹ 锅内倒油，烧热后下入姜片、蒜末爆香。

❺ 放入煮好的土豆块和胡萝卜块翻炒，倒入调好的酱汁，炒至收汁即可出锅，撒上葱末装盘。

曾黎小秘诀

酱汁可按照自己喜欢的口味去调。土豆和胡萝卜都可以用筷子戳一下看是否熟透再出锅。

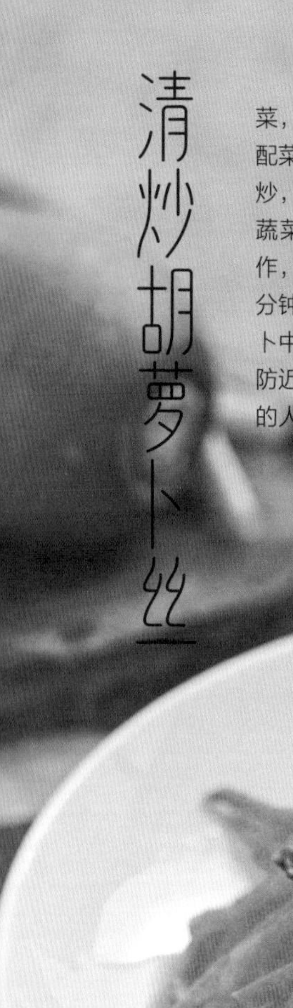

清炒胡萝卜丝

胡萝卜是秋冬季节最常见的蔬菜，一提到胡萝卜，似乎总是被当作配菜食用。其实胡萝卜也可以单独清炒，这种本身具有独特味道且清甜的蔬菜，我最喜欢用清炒的方式来制作，既营养也简单，是一道只需10分钟就可出锅的懒人美食。而且胡萝卜中的胡萝卜素对视力有益，能够预防近视，平时工作、学习需要多用眼的人，可以多吃胡萝卜哦。

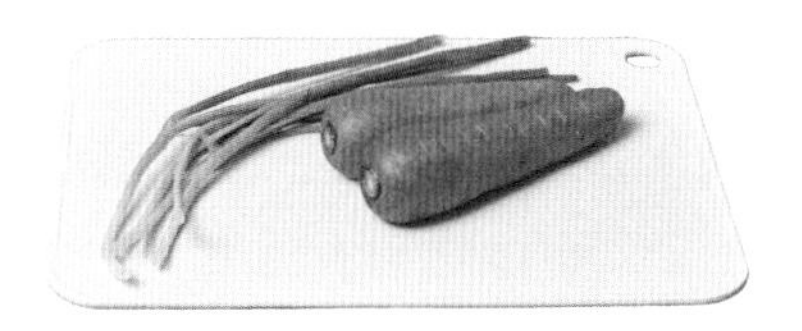

主料 胡萝卜1根

配料 小葱1/2根 ┆ 食用油1汤匙 ┆ 盐1/2茶匙 ┆ 白糖1/2茶匙 ┆ 酱油1/2茶匙

做法

❶ 胡萝卜洗净，去皮切成细丝；小葱洗净，切成葱末。

❷ 锅内倒油，加热至九成热时，放入葱末爆香。

❸ 将切好的胡萝卜丝倒入锅中，翻炒约3分钟。

❹ 加入盐、白糖、酱油和少许清水，翻炒3~5分钟后，关火出锅。

加水是为了让胡萝卜丝更快地炒出汁，胡萝卜丝吸收酱汁味道的同时，也将自身特有的清甜炒到汤汁中。

香菇焖萝卜

老话说“冬吃萝卜夏吃姜，免得医生开药方”，白萝卜作为冬季最热销的根茎类蔬菜，不仅热量低，含水量高，还具有润肺生津的功效，能有效缓解秋冬季节身体的干燥状态。香菇和白萝卜搭配在一起，无需复杂的烹饪方法，就能获得一道鲜香美味的减脂餐，不油不腻，营养加倍，还非常下饭。

主料 白萝卜200克 ┆ 香菇3个

配料 小葱1/2根 ┆ 生姜2片 ┆ 食用油1茶匙 ┆ 生抽1/2茶匙 ┆ 老抽1/2茶匙

曾黎小秘诀

鲜香菇比干香菇的口感更好。焖煮萝卜时可以用筷子戳一下，如果能戳得穿就代表萝卜已经软烂熟透。

做法

❶ 白萝卜洗净，去皮切成小块；小葱洗净，切成葱末备用。
❷ 香菇洗净去蒂，切成小块。
❸ 锅内倒油，烧热后下入姜片炒香。
❹ 锅中倒入白萝卜和香菇，翻炒2分钟后加入没过食材一半的清水。
❺ 倒入老抽、生抽调味，盖上锅盖焖煮5分钟。
❻ 中火收汁，装盘后撒上葱末作装饰。

酸辣红菜薹

菜薹中有红菜薹和白菜薹，白菜薹色泽翠绿，口感更清脆，而红菜薹清甜中略带些苦味，这种味道恰恰是很多人的喜好。红菜薹多产于两湖地区，是湖北湖南人民冬季的主要蔬菜之一，富含多种微量元素，营养价值很高。

主料 红菜薹200克

配料 食用油10克 ┆ 姜丝10克 ┆ 生抽1茶匙 ┆ 醋1茶匙 ┆ 小米辣2根

曾黎小秘诀

不要买太老的红菜薹，不然需要剥去表皮，也丧失了天然微量元素的补充。

做法

❶ 红菜薹洗干净后，去掉老根，择成一小节；小米辣洗净后切成圈。

❷ 锅里倒油，烧热后放入姜丝炒香，然后放入红菜薹翻炒。

❸ 按照个人口味加入生抽、醋和小米辣圈调味，将所有食材翻炒均匀即可。

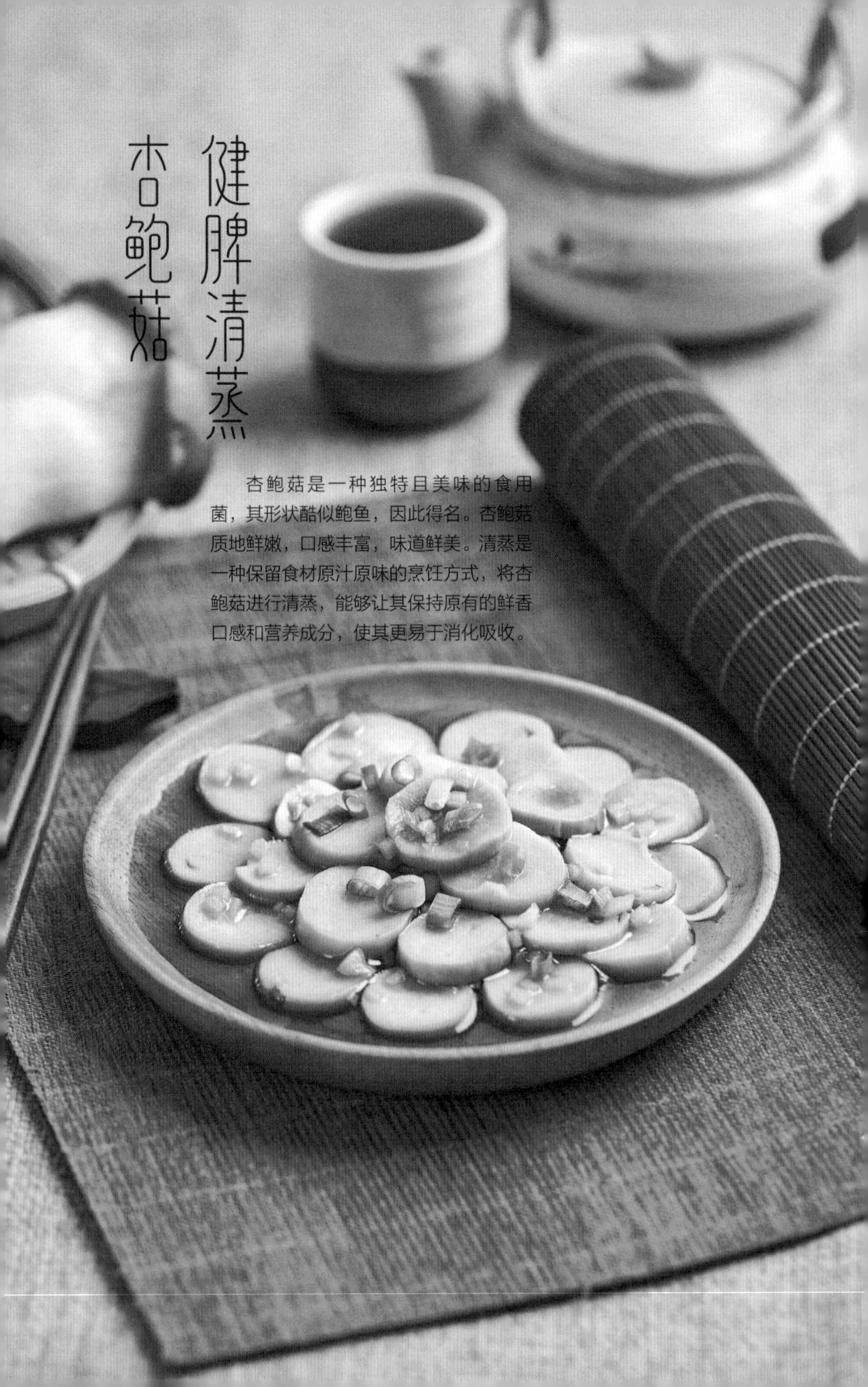

健脾清蒸杏鲍菇

杏鲍菇是一种独特且美味的食用菌，其形状酷似鲍鱼，因此得名。杏鲍菇质地鲜嫩，口感丰富，味道鲜美。清蒸是一种保留食材原汁原味的烹饪方式，将杏鲍菇进行清蒸，能够让其保持原有的鲜香口感和营养成分，使其更易于消化吸收。

主料 杏鲍菇2个

配料 盐1/2茶匙┆姜末8克┆白糖1/2茶匙┆生抽1茶匙┆香油1/2茶匙┆葱末10克

做法

❶ 杏鲍菇洗净后切成薄片。

❷ 加盐拌匀后撒上姜末，摆在盘中备用。

❸ 另取一碗，碗中依次加入盐，白糖，生抽，香油和清水，搅拌均匀，然后淋到杏鲍菇上。

❹ 蒸锅内烧水，水开后把杏鲍菇放入锅内，大火蒸5~7分钟。蒸好后关火闷4分钟再端出，撒上葱末即可食用。

曾黎小秘诀

在挑选杏鲍菇时，应该选择新鲜、质地坚实的，避免选择有损伤或比较软的。酱汁用料可根据个人喜好的口味进行添加。

粉蒸红薯和红薯叶

红薯是一种有名的长寿保健食品，而红薯叶以前却被废弃或当作饲料喂猪。其实红薯叶的营养价值不比红薯低，红薯叶中富含多种微量元素和膳食纤维，可以预防便秘、提高免疫力。随着大家健康意识的提高，红薯叶也成为了餐桌上的常客。可以清炒、蒜蓉，也可以做汤。这道粉蒸红薯和红薯叶，鲜香糯甜，低脂，饱腹感强，是秋冬健康减脂的不二之选。

主料 红薯1个 ¦ 红薯叶200克 ¦ 米粉50克

配料 白糖1茶匙 ¦ 盐1茶匙 ¦ 面粉50克

做法

❶ 红薯叶洗净去掉粗茎，择下嫩叶加盐拌匀腌制片刻。

❷ 红薯叶中放入面粉，一层一层地洒面粉，让每片叶子都能均匀地裹上面粉。

❸ 蒸锅烧水，把裹好面粉的红薯叶放入锅中蒸6~7分钟，蒸好后铺在盘中备用。

❹ 米粉中加入白糖和盐搅拌均匀。

❺ 红薯洗净去皮后，切小块，浸泡在水中。

❻ 将浸湿后的红薯块均匀地裹上调好的米粉，码入蒸碗内。

❼ 将码好的红薯块放入蒸锅内蒸30分钟。蒸好后拿出来反扣在蒸好的红薯叶上，即可食用。

1

2

3

4

5

6

7

曾黎小秘诀

红薯在裹上调制好的米粉前一定要先浸湿，否则蒸熟后的米粉会变得又干又硬，影响食用口感。

红豆芋头补气血暖汤

小寒是天气寒冷但还没有到达极点的意思。从这一天开始天气就要变得越来越冷了，有习俗称“小寒吃五红”，就是吃红豆、花生、红枣、枸杞和红糖，可以温补还暖身。这款红豆芋头暖汤就挑选了其中一样食材：红豆。再加上软糯的芋头，熬煮在一起，丝滑软糯，一口下去，暖心暖胃，多喝还能缓解手脚冰凉。芋头富含B族维生素，还有助提高免疫力，冬天快和家人一起分享一杯红豆芋头暖汤吧。

主料 红豆100克 ¦ 芋头3个

配料 水1000毫升

曾黎小秘诀

给芋头削皮时，不太熟练的朋友最好刨刀向外，以免误伤自己。红豆和芋头的比例可以按照自己喜欢的口感稍作调整。

1

2

做法

❶ 芋头洗净削皮后切小块；红豆清洗干净备用。

❷ 把芋头和红豆放入豆浆机或破壁机中，再加入水，开启豆浆模式等待30分钟即可。

主料 红薯1个 ┆ 生姜1块

配料 红糖30克 ┆ 枸杞5克 ┆ 桂花10克 ┆ 水1000毫升

做法

❶ 红薯洗净去皮后，切成滚刀块；生姜洗净去皮切小块。

❷ 把红薯、生姜和红糖放入养生壶中，可以根据自己的需要加入适量的水。喜欢味道浓郁的，少放点水，喜欢清淡一些的，可以多加点水。

❸ 养生壶选择花果茶模式，中途可以用筷子戳一下红薯，这样口感更加软糯香甜。还剩5分钟左右的时候放入枸杞。煮好后撒入桂花就可以饮用啦。

曾黎小秘诀

减脂期优选白薯，糖分低，益肺止咳；想和血润色优选红薯，补气血；消化不良优选黄心红薯，健脾胃；美容养颜优选紫薯，抗氧化效果好。生姜优选小黄姜，姜味会更浓，也可以用黄姜粉（10~15克）代替。

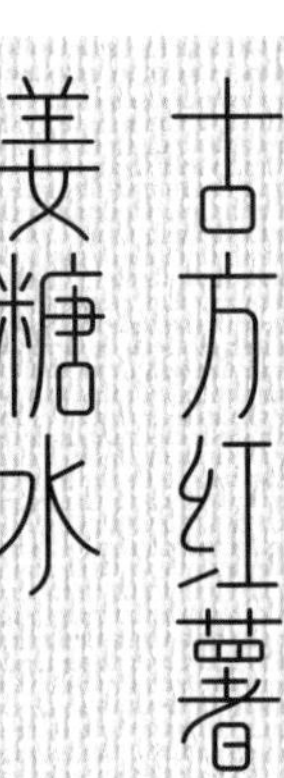

古方红薯姜糖水

驱寒去湿的古方红薯姜糖水是我很想分享给大家的一款冬日饮品。南方的冬天又湿又冷，如果冬天在南方拍戏，尤其是拍反季节戏的时候，我就会经常喝这款甜汤。冬天坚持喝这个，能有效改善四肢冰冷的症状，让整个身体变成一个小暖炉。这款糖水使用的都是和血润色、温热散寒的食材，其中生姜可以温热散寒，是整个糖水中的主角。红糖可以润肺生津、暖胃补血。比起买各种各样的祛湿茶包，用这个方法，在家就能和寒气、湿气说拜拜啦。

红花板栗养颜汤

藏红花有活血通经、散瘀止痛的功效，能解郁安神，冬天和板栗一起熬汤，可以更好地美容养颜、补气血。

曾黎小秘诀

孕妇及月经过多者禁服藏红花。浸泡藏红花的水不要倒掉，也一起倒入锅中炖煮。如果没有娃娃菜也可以用大白菜芯代替。

1

2

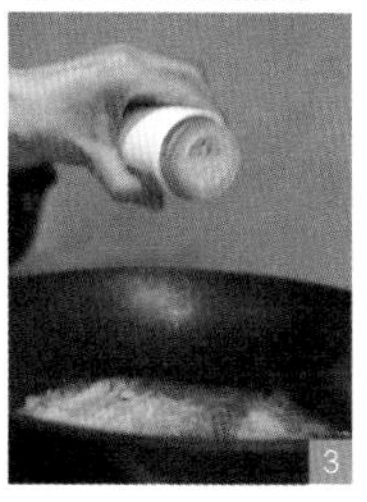
3

主料 娃娃菜100克 ┆ 板栗5颗

配料 食用油5克 ┆ 藏红花2克 ┆ 白胡椒粉1/2茶匙 ┆ 盐1/2茶匙 ┆ 蚝油1/2茶匙

做法

❶ 娃娃菜洗净，取嫩菜心，竖着对半切开后，再对半切开；板栗煮熟后，剥去外壳；藏红花洗净后，用清水浸泡，备用。

❷ 锅中倒入少许油，油热后加入娃娃菜翻炒片刻，然后把板栗和藏红花一起倒入锅中炖煮5~10分钟。

❸ 出锅时放入白胡椒粉、盐和蚝油调味即可。

我平时经常喝各种植物奶补充蛋白质，杏仁奶就是我的最爱之一。这款添加了银耳和山药的改良版杏仁露，更适合冬天喝。在家自己动手做还能保证完全零添加，吃着放心还能让皮肤更加白亮。冬天其实是美白的最佳季节，经常喝一杯这样的杏仁露，使皮肤更加白皙美丽。

曾黎小秘诀

杏仁一定要用南杏仁（甜杏仁），不苦，出奶率也高，而且其中富含维生素A和维生素E，是养肤美白的超赞帮手。

美白杏仁露

主料 南杏仁100克 ¦ 水发银耳15克 ¦ 山药1根

配料 百合10克 ¦ 水1000毫升

做法

❶ 将提前泡发好的银耳剪碎；山药去皮洗净后切成小块。

❷ 把南杏仁、银耳碎、山药块、百合倒入机器中，加入适量水，使用豆浆模式等待30分钟即可。

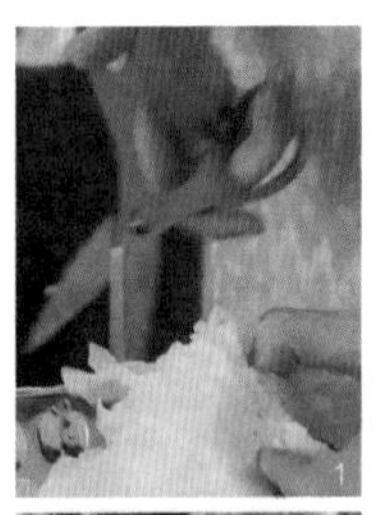

1

2

主料 黑芝麻20克 ¦ 核桃4个 ¦ 黑米20克 ¦ 黑豆40克 ¦ 桑葚10克

配料 水1000毫升 ¦ 蜂蜜适量

做法

❶ 用清水清洗所有食材，特别是黑豆需要提前浸泡2~3小时。

❷ 把所有食材放进破壁机或豆浆机中，选择豆浆功能后等待即可。

❸ 喜欢甜口的，可以适量加一些蜂蜜。

黑豆一定要提前泡发。如果不喜欢额外添加蜂蜜或者冰糖来增加甜度，也可以在食材中加一点红枣，这样有一些自然的甜味。

这款黑芝麻核桃豆浆是我小时候妈妈经常给我做的饮品，在没有暖气的南方，喝完后一整天都感觉超级温暖舒适，做法还特别简单，坚持喝就有可能成为和我一样的发量王者哦。

图书在版编目（CIP）数据

四季有味 / 曾黎编著. — 北京：中国轻工业出版社，2024.7

ISBN 978-7-5184-4595-0

Ⅰ. ①四… Ⅱ. ①曾… Ⅲ. ①食谱 Ⅳ. ①TS972.12

中国国家版本馆CIP数据核字（2023）第195160号

责任编辑：张　弘

文字编辑：谢　兢　　责任终审：劳国强　　整体设计：董　雪

策划编辑：谢　兢　　责任校对：晋　洁　　责任监印：张京华

出版发行：中国轻工业出版社（北京鲁谷东街5号，邮编：100040）

印　　刷：天津裕同印刷有限公司

经　　销：各地新华书店

版　　次：2024年7月第1版第1次印刷

开　　本：880 × 1230　1/32　印张：6

字　　数：250千字

书　　号：ISBN 978-7-5184-4595-0　定价：59.80元

邮购电话：010-85119873

发行电话：010-85119832　010-85119912

网　　址：http://www.chlip.com.cn

Email：club@chlip.com.cn

230261S1X101ZBW